Unser Traumhund

Deutscher Schäferhund

W0365839

Bibliografische Information der Deutschen Nationalbibliothek
Die Deutsche Nationalbibliothek verzeichnet diese Publikation in der Deutschen Nationalbibliografie, detaillierte bibliografische Daten sind im Internet über http://dnb.d-nb.de abrufbar

1. Auflage Mai 2011

Alle Rechte vorbehalten.
© Melanie Liebnitzky, Wuppertal 2011

Haftungsausschluss
Alle Angaben in diesem Buch wurden sorgfältig recherchiert, sie erheben aber keinen Anspruch auf Vollständigkeit oder frei von Fehlern zu sein. Die aufgeführten Inhalte dienen der allgemeinen Information, im Einzelfall sind sie keineswegs geeignet, auf eine individuelle Beratung oder einen Tierarztbesuch zu verzichten. Insbesondere können weder Autor noch Herausgeber oder Verlag eine Haftung für Schäden oder Verluste übernehmen, die dem Leser dadurch entstehen könnten, dass er ausschließlich auf eine Information vertraut, die er diesem Buch entnimmt.

Dieses Werk einschließlich aller seiner Teile ist urheberrechtlich geschützt. Jede Verwendung außerhalb der engen Grenzen des Urheberrechtsgesetzes ist ohne Zustimmung des Herausgebers unzulässig und strafbar. Das gilt insbesondere für Vervielfältigungen, Übersetzungen, Mikroverfilmung und die Einspeicherung und Verarbeitung in elektronischen Systemen. Ausnahmen, sofern diese bestehen, sind im Anhang aufgeführt.

Die Wiedergabe von Gebrauchsnamen, Handelsnamen, Warenbezeichnungen usw. in diesem Werk berechtigt auch ohne Kennzeichnung nicht zu der Annahme, dass solche Namen im Sinne der Warenzeichen- und Markenschutzgesetzgebung als frei zu betrachten wären und daher von jedermann benutzt werden dürften.

Herstellung und Verlag: Books on Demand GmbH, Norderstedt
ISBN 978-3-8423-5691-7

Unser Traumhund

Deutscher Schäferhund

Coverfoto:

Tiras vom roten Feld mit seinen Töchtern Quana und Quincy von der Biberfalle

Foto: Dagmar Merkert

Foto auf Seite 1:

Werona von der Wernburg mit Eigentümer Frank Müller, Züchter des Zwingers „vom Aspeneck"

Foto: Nick Roßmann

inhaltsverzeichnis.

A

Vorwort

Was ist denn da so interessant?
Mia vom Bubenlachring mit Rommie

Liebe Leserin, lieber Leser,

Sie befassen sich damit, ein neues Familienmitglied nach Hause zu holen, einen Freund an Ihrer Seite, der Sie sicher 12 Jahre oder mehr begleiten wird. Und Sie wollen sich zuvor informieren über seine Bedürfnisse und sein Wesen - das finde ich sehr gut, ist es doch weit mehr, als so manch anderer macht, bevor er sich ein Tier, insbesondere einen Hund, anschafft. Ich werde versuchen, Ihnen auf den folgenden Seiten all das Wissen an die Hand zu geben, welches es Ihnen ermöglicht, eine gute Partnerschaft zu Ihrem neuen Familienmitglied aufzubauen. Dazu werde ich Ihnen zeigen, wie ein Schäferhund „tickt", was er von Ihnen erwartet und welche Ansprüche er an sein neues Zuhause hat.

Ihr Schäferhund wird ohne Zweifel Ihr Leben bereichern. Zwar entspricht es dem ererbten Rudelverhältnis eines jeden Hundes, eine Verbindung zu seinem Besitzer einzugehen, bei einem Schäferhund ist diese Bindung aber ganz besonders eng. Wenn er liebt, so macht er das mit ganzem Herzen und er wird alles tun, um Ihnen zu gefallen.

Natürlich bedeutet ein Hund zu Hause aber auch Verantwortung für eine lange Zeit und wie jedes Haustier fordert auch die Haltung Ihres DSH einiges an Kompromissbereitschaft von Ihnen.

Ich werde versuchen, Ihnen zu erklären, worauf Sie achten müssen, wenn Sie einen Schäferhund erwerben, wie Sie einen Welpen aufziehen und den jungen Hund erziehen. Sie werden erfahren, wie Ihr Tier artgerecht und gesund ernährt wird und wie Sie auch sonst für seine Gesundheit und Fitness sorgen.

Darüber hinaus informiere ich Sie über all die Dinge, die eine Hundehaltung ganz allgemein, unabhängig von der Rasse, mit sich bringt. Ich hoffe, Ihnen einen praxisnahen, verständlichen Ratgeber an die Hand zu geben, der schon beim Lesen Spaß macht.

Carsten Scheppacher

Gedanken vor dem Kauf

Sie haben sich in den Schäferhund verliebt. Das ist gut zu verstehen, ist es doch eine ganz besonders bezaubernde und liebenswerte Hunderasse. Trotzdem: bevor Sie sich einen Hund anschaffen, der für viele Jahre von Ihnen abhängig sein wird, prüfen Sie bitte ganz genau, ob Sie überhaupt ein Hunde-Typ sind. Können Sie dem Tier für 12 oder mehr Jahre alle seine Ansprüche erfüllen und sind Sie auch bereit dazu?

Grundbedürfnisse

Als Hundehalter sind Sie Rudelchef und verpflichten sich dazu, die Grundbedürfnisse Ihres Hundes zu erfüllen, dazu gehören:

- Eine artgerechte Unterbringung und Ausstattung
- Eine gesunde Ernährung
- Täglicher Auslauf
- Eine regelmäßige Pflege
- Gesundheitskontrolle
- Impfschutz
- Rassetypische Aufgaben
- Gemeinsames Spielen
- Zeit haben und Zärtlichkeit

Bis hierher sind Sie der Meinung für alle Punkte sorgen zu können? Prima, dann ist die erste Hürde genommen. Trotzdem sollten Sie sich auch die nebenstehende Aufstellung ansehen und genau prüfen, ob Ihre eigene Lebensvorstellung es zulässt, die darin geforderten Kompromisse auch einzugehen.
Wenn ja, sind Sie ein echter Hunde-Typ und es ist nichts dagegen einzuwenden, dass schon bald ein kleiner, lebensfroher Schäferhund bei Ihnen einzieht.

Ihr „Eignungs"-Test

- Ein Hund verändert den Rhythmus Ihres Lebens. Können Sie Kompromisse eingehen?
- Auf manche lieb gewordene Gewohnheit müssen Sie evtl. verzichten. Ist das für Sie in Ordnung?
- Würden Sie notfalls auch Ihren Urlaub absagen, wenn sich zu Hause niemand um Ihren Hund kümmert?
- Kommen Sie damit zurecht, täglich mehrmals und bei jedem Wetter Gassi zu gehen?
- Tolerieren Sie Schmutz im Haus und können Sie es akzeptieren, dass Ihr Hund manchmal streng riecht?
- Manchmal will Ihr DSH nicht so wie Sie. Haben Sie die nötige Geduld und das Verständnis, damit umzugehen?
- Auch Ihr Hund kann einmal krank werden und ganz sicher kommt er in die Jahre. In beiden Fällen benötigt er besonders viel Zuwendung. Haben Sie genug Zeit und Energie dafür?
- Ein Schäferhund hat seinen Preis. Aber auch nach der Anschaffung kostet er Geld. Stehen Ihnen die nötigen Mittel auch für Extrakosten bei Krankheit oder Unfall zur Verfügung?

Wenn Sie alle Fragen bedingungslos mit Ja beantwortet haben, sind Sie genau der richtige Herr für Ihren Hund - ein wahrer Hunde-Typ eben. Ihr Schäferhund kann sich freuen und für eine echte Partnerschaft sind die ersten Grundsteine gelegt.
Bei jedem Nein allerdings sollten Sie genau prüfen, ob Sie bereit und in der Lage sind, einem Hund ein neues Zuhause zu geben. Wie schon gesagt - er braucht Sie sicher mehr als 12 Jahre lang.

A

So ist der Schäferhund

Er ist die unangefochtene Nr. 1 in praktisch allen Welpenstatistiken (Geburtszahlen) weltweit: der Deutsche Schäferhund. Bereits seit 1899 wird die Rasse planmäßig gezüchtet und allein in Deutschland leben zurzeit etwa 250.000 reinrassige Hunde dieser beliebten Rasse.

Seine Vielseitigkeit ist es, die den Deutschen Schäferhund derart beliebt macht: er ist gleichermaßen umgänglicher Familienhund wie ausdauernder Arbeitshund in den verschiedensten Bereichen.

Foto: Petra Baudendistel

Chillen mal anders
Romina von der Ullenburg mit ihrem Besitzer

So ist der Schäferhund

Der Deutsche Schäferhund ist mittelgroß, kräftig und stark bemuskelt, sollte jedoch niemals schwerfällig dabei wirken. Er ist eher länger als hoch wobei der Widerrist den höchsten Punkt des Rückens bildet und üblicherweise auch dort Maß genommen wird. Ist der Schäferhund ausgewachsen sollte seine Schulterhöhe zwischen 60 und 65 Zentimeter betragen, Hündinnen sollten zwischen 55 und 60 Zentimeter hoch sein.

Der Körperbau sollte trocken sein, ohne Fett oder loses Bindegewebe, mit sich klar abzeichnenden Muskeln. Der Brustkorb ist tief und gut gewölbt. Die Winkelung der Gliedmaßen bietet den größtmöglichen Schritt. Die Hinterhand greift dabei bis über die Körpermitte vor und gibt so größtmöglichen Schub von hinten. Der deutsche Schäferhund ist ein ausdauernder Traber.

Die Kopfform ist keilförmig, die Kopfgröße steht in gutem Verhältnis zum restlichen Körper. Die Stirn ist nur wenig gewölbt, der Nasenrücken gerade. Zugelassen ist ausschließlich eine schwarze Nase. Die Lippen sind straff, trocken, dunkel gefärbt und schließen gut. Der Schäferhund verfügt über ein Scherengebiss, ein Auf-, Über- oder Unterbiss ist nicht zulässig, dabei hat der Welpe 28 und der erwachsene Schäferhund 42 Zähne.

Der Schäferhund hat Stehohren, deren Größe im guten Verhältnis zum Kopf stehen sollte. Sie werden aufrecht und nach vorne gerichtet getragen. Die Augen sind in jedem Falle dunkel und etwas schräg liegend. Es sollte beim Anblick des Schäferhundes stets der Eindruck von Aufmerksamkeit erweckt werden.

Foto: Silke Frannek

Drei gute Freunde: Lukas mit Rapunzel und Uso
Rapunzel vom Sandstein und ihr Sohn Uso

Foto: Bärbel Müller

Schäferhund Dayrah v. Speichersee bei der langen Flucht beim Schutzdienst mit dem Schutzdiensthelfer Heinz Neumann

Foto: Peter Hermens

Karl Füller beim Leistungshüten
Unnie vom Kirschental

Wie sieht er aus, wie verhält er sich?

Die Rute wird sichelförmig und herabhängend getragen. Die Pfoten sind rundlich und kurz, auch die Krallen sind kurz und kräftig. Sowohl Krallen als auch Ballen sind von dunkler Farbe.

Fellvarianten
Das Fell des Schäferhundes ist in erster Linie zweckmäßig. Es ist leicht zu pflegen und wetterbeständig gegen Schnee, Regen, Kälte und Hitze. Unter dem anliegenden Deckhaar trägt er dichte Unterwolle. Er neigt zum Haaren.

Der Rassestandard schreibt den Stockhaartyp mit dichter Unterwolle und geradem, fest anliegendem Deckhaar vor. An Hals (Kragen), Rute und den Hinterläufen (Hosen) ist es etwas länger.

Bei den Fellfarben ist der gelbe oder braune Schäferhund mit schwarzem Sattel und weiteren schwarzen Abzeichen der bekannteste Vertreter. Vor allem schwarze Abzeichen am Kopf sind typisch. Doch auch fast ganz schwarze Hunde mit gelben, braunen oder sogar weißen Abzeichen sind zugelassen. Es gibt ihn auch einfarbig in schwarz. Vermehrter Beliebtheit erfreuen sich in letzter Zeit die «grauen» Schäferhunde, wobei diese keineswegs einfarbig grau sind. Es handelt sich eher um eine grau-schwarze Musterung (siehe Hund ganz links auf dem rechten Bild).

Auf der Bundesversammlung des Vereins Deutscher Schäferhunde, der innerhalb der FCI für den Rassestandard zuständig ist, wurde 2008 beschlossen, dass auch der Langstockhaar-Typ (wieder) in den Standard aufgenommen wird, was seit 2010 nun auch der Fall ist. Der Standard legt dazu fest:

„Langstockhaar: Das Deckhaar soll lang, weich und nicht fest anliegend sein, mit Fahnen an Ohren und Läufen, buschige Hosen und buschige Rute mit Fahnenbildung nach unten. Am Kopf einschließlich des Ohrinnern, an der Vorderseite der Läufe, an Pfoten und Zehen kurz, am Hals länger und stärker behaart, nahezu eine Mähne bildend. An der Rückseite der Läufe verlängert sich das Haar bis zum Vorderfußwurzelgelenk bzw. bis zum Sprunggelenk und bildet an der Rückseite der Keulen deutliche Hosen."

Fehlfarben des Deutschen Schäferhundes sind weiß, braun-braun und blau. Die weißen Schäferhunde sind eine eigene, von der FCI (noch: vorläufig) anerkannte, Rasse mit dem Namen Berger Blanc Suisse.

Das Verhalten des Schäferhundes hängt selbstverständlich von seiner Prägung und Erziehung ab und wird somit, ergänzend zu seinen vorgegebenen Anlagen, weitestgehend vom Menschen gesteuert. Grundlegende Informationen zu Wesen und Verwendung des DSH finden Sie weiter hinten in einem gesonderten Kapitel.

Dreamteam und große Liebe
Narnia von den wilden Rabbits

Foto: Stefanie Wiegmann

B

Ein Schäferhund zieht ein

Es ist soweit: der von Ihnen ausgesuchte Welpe ist alt genug und Sie können ihn beim Züchter abholen.

Was für ein schöner Tag!

Bevor Ihr neues Familienmitglied bei Ihnen einzieht, sollten Sie jedoch einige grundlegende Dinge beachten und auch einige Vorbereitungen treffen.

Foto: Jana Plate

Gute Ernte
Igl Be Ferrari

Wo kaufen?

Dies ist schon eine der wichtigsten Fragen, die Sie sich stellen sollten, wenn Sie einen Hund anschaffen wollen.

Grundsätzlich gibt es 3 Möglichkeiten, wie Sie an einen Schäferhund kommen können:

- Kommerzielle Händler
- Verantwortungsvolle Züchter
- Tierheim

Auf keinen Fall sollten Sie Ihr neues Familienmitglied bei einem kommerziellen Händler kaufen. Diese „Vermehrer" betrachten die Tiere lediglich als Ware und interessieren sich nicht im geringsten dafür, was nach dem Kauf aus den Hunden und auch den neuen Haltern wird. Eine vernünftige Sozialisation und Prägung erfahren die kleinen Welpen dort fast nie und Probleme im späteren Umgang sind somit praktisch unvermeidbar. Mit einem solchen Kauf unterstützen Sie das mitunter furchtbare Geschäft mit lebenden Tieren. Und was preislich zunächst wie ein Schnäppchen erscheinen mag, entpuppt sich oft als ein Fass ohne Boden, wenn es um Tierarztrechnungen geht.

Erfahrene Hundebesitzer können natürlich einem Hund aus dem Tierheim eine Chance geben. Allerdings sollten Sie bedenken, dass solche Tiere oft bereits vollständig geprägt sind und mitunter nicht bekannt ist, unter welchen Bedingungen sie bislang gehalten und dann abgegeben wurden.
Bitte entscheiden Sie sich nicht voreilig für einen solchen armen Kerl - wenn auch Sie nicht mit ihm zurecht kommen, führt der Weg oft wieder zurück ins Tierheim und der Hund muss erneut „die Zeche zahlen". 2nd Hand Tiere sind generell nur etwas für Menschen, die viel Zeit, Geduld und die nötige Erfahrung mit Hunden haben.
Der beste Weg, einen gesunden, rassetypisch ausgeprägten Welpen zu erhalten, führt daher ganz eindeutig zu einem seriösen Züchter. Selbstverständlich ist ein gut sozialisierter und liebevoll geprägter Hund dort nicht zum Wühltischpreis zu bekommen - dafür werden Sie aber aller Wahrscheinlichkeit nach einen typischen Schäferhund bekommen, an dem Sie viele Jahre lang Freude haben werden.

VDH-Züchter (auch ÖKV/SKG)

Auf der Suche nach einem seriösen Züchter führt der Weg am besten zu den Rassezuchtvereinen im VDH (ÖKV, SKG). Adressen solcher Vereine und der Verbände finden Sie im Service-Teil dieses Buches.
Der Verband für das Deutsche Hundewesen (VDH) fungiert als deutsche Dachorganisation in Sachen Hundezucht und wacht nach genau festgelegten Kriterien darüber, dass nur zuverlässige Züchter in den ihm angeschlossenen Vereinen für Nachkommen der verschiedenen Rassen sorgen. Züchter, die dem VDH angeschlossen sind, halten sich an diese Regeln, verpaaren nur geeignete Hunde miteinander und sorgen vom ersten Tag an für die Gesundheit ihrer Welpen. Ein VDH-Züchter bietet Ihnen somit maximale Sicherheit bei der Wahl Ihres neuen Familienmitgliedes. Gleiches gilt für ÖKV, SKG.
Natürlich muss nicht jeder Züchter, der dem Verband nicht angehört, unseriös sein. Trotzdem sollten Sie sich an angeschlossene Züchter halten um sicher zu gehen.

Auswahl des Welpen

Foto: Jessica Pöppel

Ein Welpe beim Toben (6 Wochen alt)
Dunja vom Waldschloss

Bei der Auswahl des Welpen können schon die ersten Fehler passieren - so geht es oft darum, wer denn von der Rasselbande gerade der „süßeste" ist. Diese Entscheidung ist genauso falsch als wenn Sie ein Auto nur nach der Farbe auswählen würden. Wenn Sie nur wenige Kilometer täglich durch die Stadt zum Einkaufen fahren müssen, sollte Ihr Auto anders ausgestattet sein als wenn Sie jeden Tag von Hamburg nach München fahren und das bei Wind und Wetter - vieles kann da eine Rolle spielen, die Farbe ganz sicher nicht.
Ähnlich verhält es sich bei Ihrem Welpen. Nicht der niedlichste junge Hund ist der richtige, sondern der, welcher am besten zu Ihnen passt.
Haben Sie die Erfahrung und Ruhe, um einem ängstlichen kleinen Kerl ins Leben zu begleiten oder sollte es ein völlig offenherziger Welpe sein? Wäre ein ruhiger Vertreter nach Ihrem Wunsch oder eher ein Draufgänger?

Sie sehen schon: nicht das Aussehen ist entscheidend, sondern der Charakter Ihres neuen Familienmitgliedes, mit dem Sie ja gut und gerne 12-14 Jahre gemeinsam verbringen werden.

Jetzt verstehen Sie sicher auch, warum der Züchter Ihnen so viele, mitunter sehr private, Fragen stellt - er will herausfinden, wie Sie „ticken" um Ihnen dann den Hund zu zeigen, der am ehesten Ihren Wünschen und Anforderungen entspricht. Vertrauen Sie ihm - er kennt seine Hunde ganz genau und hat meist auch ein gutes Gespür für Menschen. Der Züchter wird alles tun, damit es seinem Welpen gut geht und einen möglichst passenden Halter auswählen.

Foto: Peter Stangel

Hier findet mich keiner
Elisabeth von den Bärfallen

Foto: Heike Winkler

Welpen beim Spiel
Oleg und Olav vom Bubenlachring

Gesunde Abstammung

Achten Sie darauf das Ihr Schäferhund aus einer guten Zucht kommt und von gesunden, rassetypischen und wesensfesten Eltern stammt.

Ein guter Züchter kann Ihnen jederzeit die Mutterhündin zeigen, denn sie lebt ja bei ihm zuhause. Darüber hinaus legt er Ihnen auch eine Ahnentafel vor, welche die genaue Abstammung des kleinen Hundes dokumentiert und vom Rassezuchtverein ausgestellt wurde. Darüber hinaus kann er die erforderlichen Impfungen nachweisen, denn der Welpe sollte zum Zeitpunkt der Abgabe an Sie mindestens gegen Staupe, Hepatitis contagiosa, Leptospirose und Parvovirose geimpft sowie entwurmt sein.

Sollten Sie Zweifel haben, erkundigen Sie sich einfach beim zuständigen Rassezuchtverein, dort wird man Ihnen gerne Auskunft geben. Der Kampf gegen skrupellose Hundevermehrer und -händler liegt allen am Herzen, die sich ernsthaft und liebevoll um die Erhaltung der Rasse und die Ausprägung jener Eigenschaften bemühen, die dem Schäferhund ja nun einmal zueigen sind.

Rüde oder Hündin?

"Rüden schließen sich nur dem Mann in der Familie an und sind schwerer zu erziehen, Hündinnen sind anhänglicher". Diese Verallgemeinerungen können Sie getrost vergessen, denn jeder Hund ist anders. Letztlich wird die Wahl des Geschlechts wohl eher den eigenen Vorlieben und praktischen Erwägungen folgen; sollten Sie sich mit dem Gedanken befassen, später selbst zu züchten, fällt Ihre Wahl natürlich auf eine Hündin. Ansonsten sollten Sie sich die geschlechtsspezifischen Besonderheiten von Hunden vor Augen führen. Absolut sicher ist, dass eine Hündin zweimal im Jahr läufig wird und sich in dieser Zeit auch in ihrem Verhalten ändert; unbeaufsichtigt ist es auch möglich, dass sie nachher Junge bekommt. Während der Läufigkeit kann sie auch schon einmal ein paar Tropfen Blut verlieren.

Ein Rüde dagegen wird auf läufige Hündinnen in der Nachbarschaft stets reagieren - mitunter sogar so heftig, dass er tagelang jaulend an der Tür kratzt. Mein Rat: stellen Sie schon vor der Anschaffung Ihres Hundes fest, ob sich in der Nachbarschaft mehr Hündinnen oder Rüden befinden - schließen Sie sich dann der Mehrheit an, so wird das Zusammenleben deutlich entspannter ablaufen. Sollten Sie bereits einen Hund besitzen und sich zusätzlich für einen kleinen Schäferhund entscheiden, achten Sie darauf, nicht 2 Rüden zu halten - oft führt das zu erheblichen Spannungen. Allerdings kann es auch unter den Hundedamen zu Streit kommen, letztlich ist die Wahrscheinlichkeit von Auseinandersetzungen dann am geringsten, wenn Sie einen Rüden und eine Hündin zuhause haben. Achten Sie aber darauf, dass Ihr Mädchen nicht ungewollt schwanger wird.

Das Alter des Welpen

Mag es auch verlockend sein - Sie sollten Ihren Welpen nicht vor der 9. oder 10. Lebenswoche abholen. Ein verantwortungsvoller Züchter wird Ihnen das Tier auch nicht früher geben und er kann es auch gar nicht, weil der kleine Hund frühestens in der 8. Woche geimpft und tätowiert wird.

Anna-Lena zu Besuch bei Comet in Hanoi/Vietnam (beide sind in Deutschland miteinander aufgewachsen)

Comet von Modithor

Foto: Edgar Holzmann

Kosten für den Hund

Bevor Sie sich einen Hund anschaffen, überschlagen Sie bitte wenigstens grob die Kosten für ein solches Tier. Es muss sichergestellt sein, dass sie diese nicht nur jetzt, sondern ein Hundeleben lang bestreiten können - immerhin kann Ihr Schäferhund Sie durchaus rund 12 Jahre begleiten und eine Trennung soll ja auf keinen Fall aus finanziellen Gründen notwendig werden.
Die nachstehenden Posten zeigen auf, was auf jeden Fall auf Sie zukommt. Mehrausgaben für zusätzliches Spielzeug, Leckerlis, Hundehütte, Autoausstattung etc. hängen davon ab, was alles Sie für Ihr Tier anschaffen wollen.

Anschaffung
Gemessen am Hundeleben sind die Kosten für die Anschaffung Ihres Vierbeiners die geringsten, bitte versuchen Sie daher nicht hier zu sparen. Der vermeintlich günstige Welpe vom Hundvermehrer verursacht später oft hohe Tierarztkosten. Beim Züchter zahlen Sie rund 600,- bis 850,- € für Ihren DSH, holen Sie einen Hund aus dem Tierheim, können Sie mit 100,- bis 200,- € rechnen.

Grundausstattung
Für Körbchen, Decke, Leine und Co. sollten Sie zu Beginn etwa 150,- € veranschlagen, für Ersatz und Neuanschaffungen dürften etwa 100,- € im Jahr genügen.

Ernährung
Die Kosten hierfür richten sich selbstverständlich nach der Qualität des Futters, welches Sie Ihrem Schäferhund anbieten wollen. Rund 1,- bis 3,- € täglich sollten Sie hierfür ansetzen, im Jahr also ca. 700,- €.

Hundesteuer
Abhängig von Ihrem Wohnort liegt die Steuer für Ihren DSH zwischen 20,- und 250,- € im Jahr.

Versicherung
Für eine ordentliche Haftpflichtversicherung können Sie rund 40,- € im Jahr rechnen.
Ob Sie eine Krankenversicherung abschließen, sollten Sie genau überlegen - die Kosten sind mit etwa 40,- € monatlich recht hoch und der Nutzen lässt sich kaum vorhersehen.

Tierarzt
Einmal jährlich sollten Sie wenigstens einen allgemeinen Check Ihres Hundes vornehmen lassen, hinzu kommen die regelmäßigen Impfungen und Entwurmungen. Natürlich kann Ihr Schäferhund auch einmal krank werden, was zu sehr unterschiedlichen Kosten führen kann. Ich denke, mit kalkulierten rund 150,- € im Jahr liegen Sie richtig.

Das kostet Ihr Schäferhund:

Anschaffung
etwa 600,- bis 850,- €

Grundausstattung
rund 150,- €

Unterhalt pro Jahr
etwa 1000,- €

Hundesteuer

Wenn Sie in Deutschland privat einen Hund halten wollen, der nicht Blindenhund ist, kommen Sie in den meisten Städten und Gemeinden nicht umher, Hundesteuer zu zahlen. Wie viel Sie für Ihren DSH zahlen müssen, hängt davon ab, wie hundefreundlich Ihre Stadtverwaltung ist - die Spanne liegt zwischen etwa 20,- und 250,- € im Jahr.

Es ist erforderlich, dass Sie Ihren Hund bei der Finanzverwaltung Ihrer Gemeinde anmelden. Sie bekommen von dort dann einen Steuerbescheid und eine Hundemarke, die Ihr Tier ausserhalb der Wohnung

Allgemeines
Mit der Hundesteuer werden vornehmlich ordnungspolitische Ziele verfolgt. Sie soll z.B. dazu beitragen, die Zahl der Hunde zu begrenzen. Rechtsgrundlage sind die Hundesteuergesetze bzw. Kommunalabgabengesetze der Länder, welche die Gemeinden zur Steuererhebung verpflichten oder zum Erlass entsprechender Steuersatzungen berechtigen. Ob und wie Städte und Gemeinden eine Hundesteuer erheben, ist bei den entsprechenden Verwaltungen oder ggf. bei den jeweiligen Landesfinanzbehörden zu erfragen.

Geschichtliche Entwicklung
In ost- und mitteldeutschen Quellen taucht um 1500 erstmals ein „Hundekorn" auf, das teilweise unter der Steuerbezeichnung „Bede" in Form von Kornabgaben (Roggen, Gerste, Hafer) erhoben wurde; es diente der Ablösung der Hundegestellungspflicht der Bauern im Rahmen von Jagdfrondiensten. Zu Hundefutter verbacken und später auch „Hundebrot" genannt, wurde diese Abgabe z.B. nach den Hildesheimer Stadtrechnungen von 1658/59 „zur Erhaltung gemeiner Stadtjagdgerechtigkeiten" verwendet. Im 19. Jahrhundert sind in den deutschen Einzelstaaten moderne Hundeabgaben hauptsächlich aus polizeilichen Gründen eingeführt und teils als Luxussteuer (so in Preussen 1810 bis 1814, 1824 f.), teils als Nutzungsgebühr (so in Bayern 1876) ausgestattet worden.

Im Allgemeinen haben von Anfang an die Gemeinden das Besteuerungs- und Ertragsrecht erhalten, doch wurde von einigen Ländern (z.B. Baden und Hessen-Darmstadt) noch lange ein staatlicher Anteil abverlangt. Aufgrund der landesrechtlichen Hundesteuer- und Gemeindeabgabengesetze der Weimarer Zeit zu den „örtlichen Abgaben" gezählt, fiel die Hundesteuer nach dem Bonner Grundgesetz von 1949 in die Kategorie der „Steuern mit örtlich bedingtem Wirkungskreis" (seit der Finanzreform 1969 „örtliche Verbrauch- und Aufwandsteuern") und wurde als reine Gemeindesteuer geregelt.
Quelle: Bundesfinanzministerium

ständig am Halsband tragen sollte. So ist immer auf den ersten Blick zu erkennen, dass Ihr Hund gemeldet ist und auch "brav" seine Steuern bezahlt.

Versicherungen

Hundehaftpflichtversicherung

Auch wenn Ihr Hund noch so gut erzogen ist, gibt es Situationen, die dazu führen, dass ein Vierbeiner einen Personen-, Sach- oder Vermögensschaden verursacht. Mit der richtigen Haftpflichtversicherung können Sie sich vor den finanziellen Folgen einer Schadenersatzforderung absichern.

Eine Hundehaftpflichtversicherung ist für jeden Hundebesitzer wichtig, denn grundsätzlich haftet dieser unbeschränkt für alle Schäden, die der Hund verursacht. Auch wenn Sie als Hundebesitzer kein eigenes Verschulden trifft, können Sie in einem solchen Fall immer haftbar gemacht werden. Die Hundehaftpflichtversicherung gibt finanziellen Schutz bei Schadenersatzforderungen und wehrt unberechtigte Ansprüche ab.

Auf eine Haftpflichtversicherung für Ihren Hund sollten Sie auf keinen Fall verzichten. Es kann immer vorkommen, dass er einmal einen Schaden verursacht, die Schuhe Ihrer Freunde anknabbert, einen Unfall verschuldet oder jemanden beisst. Natürlich variieren Kosten und Leistungsspektrum je nach Versicherungsgesellschaft und Vertrag. In der Mitte kann man sagen, dass es etwa 35,- € im Jahr kostet, Ihren Hund zu versichern. Vergleichslisten gibt es im Internet.

Krankenversicherung

Mit der Krankenversicherung für Ihren Hund ist das so eine Sache. Zum einen ist sie nicht gerade billig (ab etwa 32,- € monatlich) und wer weiß schon, ob und wann der Hund krank wird. Es ist schwer vorherzusehen, ob sich diese regelmäßige Investition rechnet.

Bitte vergleichen Sie bei Interesse ganz genau die Kosten und vor allem die Modalitäten der verschiedenen Verträge - mitunter gibt es eine (hohe) Selbstbeteiligung und diverse Eingriffe sind auch ganz von der Versicherungsleistung ausgenommen. So z. B. in aller Regel Impfungen, Kastration und Sterilisation (sofern keine medizinische Indikation vorliegt).

Der DSH gehört übrigens zur sog. „Klasse 2" bei den Versicherungen und kostet damit etwas mehr bei den Verträgen. Somit müssen Sie ab etwa 42,- € im Monat für eine Krankenversicherung rechnen. Ab dem 5. Lebensjahr wird diese i. d. R. dann noch einmal teurer.

Foto: Britta Franz

Wo ist die Frisbeescheibe nur hin?
Chelsea vom Erlenring

Willkommen zu Hause

Welpen müssen mit viel Gefühl in ihr neues Zuhause eingeführt werden, denn die Umstellung ist für sie eine schwierige, verwirrende Zeit. In den ersten Tagen nach der Ankunft Ihres neuen Mitbewohners sollten Sie möglichst viel Zeit für ihn haben. Schenken Sie ihm Ihre gesamte Aufmerksamkeit, damit er sich schnell eingewöhnt. Am besten holen Sie ihn morgens beim Züchter ab. So hat er noch den ganzen Tag Zeit sich einzugewöhnen, zu fressen, zu spielen und müde zu werden.

Die neue Wohnung

Sobald Ihr Welpe zu Hause eintrifft, geben Sie ihm die Möglichkeit, seine Umgebung kennen zu lernen und zu beschnüffeln. Danach zeigen Sie ihm seinen Schlafplatz. Ihre Wohnung erscheint dem kleinen Vierbeiner wie eine riesige Ansammlung fremder optischer Eindrücke, Geräusche und Gerüche. Für ihn ist alles sehr aufregend, aber auch beängstigend. Er vermisst Mutter und Geschwister. Von Ihnen erwartet er, dass Sie ihm die Gesellschaft, Nähe und Sicherheit bieten, die er zurückgelassen hat.

Vielleicht kann Ihnen der Züchter eine Decke mitgeben, die den Geruch der Mutter und der anderen Welpen trägt. Damit können Sie sein anfängliches Heimweh ein wenig lindern. Nachdem Sie Ihren neuen Freund zu sich geholt haben, wird er wahrscheinlich für kurze Zeit ausgelassen spielen und sich dann für eine Stunde oder länger auf seinen Schlafplatz zurückziehen.
Da Schlaf für Welpen genauso wichtig ist wie für menschliche Babys, sollten Sie ihn nicht stören, wenn er sich ausruhen möchte.

Die erste Nacht ohne Mama

In den ersten Nächten wird Ihr kleiner Welpe wahrscheinlich wimmern und keine Ruhe finden, wenn Sie ihn allein lassen. In vielen Fällen wirkt es beruhigend, wenn Sie eine Wärmflasche und einen Wecker in eine Decke einwickeln und in sein Bett legen. So hat er ein wenig das Gefühl, dass ein warmer Hund mit klopfendem Herz (Wecker) in seiner Nähe ist.

Hat er schon einen Namen?

Entscheiden Sie sich so bald wie möglich für einen Namen Ihres Welpen. Bei Tieren vom Züchter haben Hunde oft einen wenig praktikablen Namen, der mehr die Abstammung zeigt und für den gesamten Wurf mit dem gleichen Buchstaben beginnt, mitunter kommt es da zu recht seltsamen Namensgebungen, die Sie für das tägliche Leben möglichst ersetzen sollten. Bleiben Sie dann dabei, und sprechen Sie ihn immer wieder mit seinem Namen an. Sie werden sehen, dass er schon bald darauf reagiert.

Kinder und andere Tiere

Wenn Sie Kinder haben, müssen Sie ihnen klarmachen, dass Welpen kein Spielzeug sind. Andere Heimtiere dürfen Sie nicht vernachlässigen, weil diese sonst eifersüchtig auf den neuen Hausgenossen werden. Die Tiere sollten schrittweise auf neutralem Territorium und unter ständiger Aufsicht miteinander bekannt gemacht werden.

Einen jungen Welpen sollten Sie niemals mit einer älteren Katze oder einem älteren Hund allein lassen. Bis die zwei dann echte Freundschaft geschlossen haben, empfiehlt es sich, sie getrennt zu füttern.

Schlafplatz

Bieten Sie Ihrem Welpen ein warmes Plätzchen, vielleicht in der Küche oder im Wohnzimmer, wo er vor Zugluft geschützt ist. Welpen knabbern gerne an allem herum, verwenden Sie also nur unbedenkliche Materialien für seinen Schlafplatz. Kurzfristig genügt dafür ein nach vorne hin offener Karton. Den Boden sollten Sie mit Zeitungen oder einer leicht waschbaren Decke auspolstern. Wenn Ihr Hund älter wird, ist es empfehlenswert, ihm ein spezielles Hundebett zu kaufen. Alternativ eignen sich für ältere Hunde, die dem Knabberalter entwachsen sind, auch Körbe.

Immer saubere Näpfe

Achten Sie bei der Auswahl des Napfes darauf, dass er stabil und standfest ist. Praktisch sind Näpfe, die durch ihr eigenes schweres Gewicht (zum Beispiel Keramik) oder durch Gumminoppen nicht auf dem Boden hin und her rutschen können. Für langohrige Hunde gibt es spezielle Schüsseln, die einen besonders hohen Rand haben. So können die Ohren beim Fressen nicht in den Napf hängen. Allgemein gilt: Der Napf sollte leicht zu reinigen sein und muss nach jeder Mahlzeit gespült werden.

Spielsachen

Wenn Sie das erste Mal in ein Zoofachhandelsgeschäft gehen, werden Sie erstaunt feststellen, dass es für Vierbeiner nahezu so viel Spielzeug gibt wie für Kinder. Aber Vorsicht: Nicht jedes bunte Quietschding ist für Ihren Welpen gleichermaßen geeignet. Es sollte möglichst stabil sein, damit der Kleine keine Teile davon abbeißen und verschlucken kann. Ähnliches gilt für die Größe: Das Spielzeug muss an die Größe des Hundes angepasst sein. Es sollte so groß sein, dass der Hund es nicht verschlucken kann.

Gedrehte Stoffseile bereiten dem Hund ein langes Spielvergnügen und sind ungefährlich, falls doch einmal Fasern verschluckt werden. Stabile Noppenbälle aus Vollgummi, die wesentlich größer sein sollten als der Fang (das Maul) des Welpen, halten lange und springen lustig.

Bitte nicht schimpfen!

Denken Sie daran, immer sehr liebevoll, vorsichtig und geduldig mit Ihrem Welpen umzugehen. Sie sollten weder mit ihm schimpfen noch ihn anschreien, wenn er vielleicht etwas kaputtgemacht oder eine Pfütze auf Ihrem Teppich hinterlassen hat. Verwirrt wie er ist, könnte er sonst Angst vor Ihnen bekommen.

Schaffen Sie in der Anfangsphase eine fröhliche und entspannte Atmosphäre, in der Sie und Ihr Welpe sich kennen lernen. So wird er Ihnen schnell sein Vertrauen schenken – das Fundament für ein glückliches gemeinsames Leben.

Die Erstausstattung

Ganz gleich ob Sie einen Bauernhof haben oder Ihr Hund in eine Stadtwohnung einzieht: einige Dinge gehören zur Grundausstattung, die Sie auf jeden Fall benötigen. Besorgen Sie diese Sachen bereits bevor Ihr Hund zu Ihnen kommt und stellen Sie sie auch sofort an ihren vorgesehenen Platz.

- Futter- und Wassernapf, standfeste Modelle, am besten aus Keramik.
- Schlafkorb, nicht aus Weidengeflecht, weil dies beim Knabbern zu Verletzungen führen kann.
- Hundedecke, weich und waschbar.
- Hundemarke mit Kontaktinformationen für Sie und den Tierarzt.
- Halsband mit Sicherheitsverschluss und einer 2m langen Leine aus Leder oder Nylon.
- Bürsten, Kämme und Hundeshampoo.
- Eine Transportbox fürs Auto, die auch für Flugzeuge zugelassen sein sollte, falls Sie mit Ihrem Hund auf Reisen gehen wollen.
- Vollwertige, ausgewogene Nahrung.
- Leckerchen für das Training.
- Hundespielzeug.

Mit diesen Dingen ausgerüstet, können Sie beruhigt in das gemeinsame Leben mit Ihrem Hund starten. Alles was sonst noch nötig ist, ergibt sich im Laufe der Zeit und je nach Temperament und Aktivität Ihrerseits und auf Seiten des Tieres.

Foto: Ute Meulendick

Welpe aus dem A-Wurf von Haus Charly
Anika von Haus Charly

Die erste Autofahrt

Ihrem Welpen wird beim Auto fahren übel? Trösten Sie sich, dieser Zustand wird sich ab dem 9. oder 10. Lebensmonat deutlich verbessern. Theoretisch lässt es sich so erklären, dass sich das schnelle Wachstum in den ersten Lebensmonaten eines Welpen auch auf sein inneres Ohr auswirkt und ihn daher anfälliger für Bewegungs- und Reisekrankheit macht.

Demzufolge lässt Reisekrankheit mit abnehmendem Welpenwachstum nach. Wenn also eine Autofahrt gegenwärtig einfach zu traumatisch für den Hundenachwuchs ist, können Sie ihn in naher Zukunft wieder langsam daran gewöhnen.

Fangen Sie mit kurzen Entfernungen an. Aber bevor Sie Ihren Ausflug starten, sollten Sie folgende Tipps beherzigen, damit es für Sie und Ihren jugendlichen Vierbeiner eine sichere und angenehme Autofahrt wird.

Auf Sicherheit achten

Um mit Ihnen im Auto zu reisen, sind Welpen oder auch ausgewachsene Hunde am sichersten in einer zugelassenen Transportbox oder Sicherheitsdecke untergebracht, die quer zur Fahrtrichtung im Auto befestigt wird. Einer der Vorteile von Transportboxen ist, dass Ihr Welpe auch bei einem Unfall noch gesichert ist. Wenn Sie verletzt sind oder das Auto schwer beschädigt ist, dann kann das Notfallteam immer noch leicht an Ihren Welpen herankommen.

Foto: Susanne Oppelt

Transport in Alubox
Fire von der schwarzen Natter (li) + Gringo Bady-Ron

Besitzanspruch

Im jugendlichen Alter tendieren Hunde oft dazu, vorbeigehende Leute oder andere Hunde aus dem Auto heraus anzubellen. Wenn Ihr Welpe in einer Transportbox untergebracht ist, kann es helfen, diese mit einem Handtuch abzudecken. So bekommt Ihr kleiner Racker den angeblichen Störenfried gar nicht erst zu Gesicht.

Auf Kommando warten

Wichtig: Der Welpe hat mit dem Herausspringen aus dem Auto so lange zu warten, bis Sie das Kommando geben. So wird verhindert, dass er unbeaufsichtigt auf die Straße läuft. Wie bei jedem Welpentraining ist auch hier ganz wichtig, dass sie Ihren Kleinen belohnen, wenn er etwas gut gemacht hat.

Wenn Sie Ihrem Welpen beigebracht haben, dass Auto fahren eine feine Sache ist und meist positiv endet, dann sollte so ein Ausflug für Sie beide zu einem sicheren und freudigen Erlebnis werden.

Welpenspieltage

Früherziehung

Was Hänschen nicht lernt, lernt Hans nimmermehr, heißt es für den Menschen und das gilt auch für den Hund. Schon der Welpe muss mit seiner Umwelt vertraut gemacht und erzogen werden, damit er als Erwachsener nicht zum Problemhund wird. Besonders wichtig ist die Zeit etwa zwischen der 3. und der 16. Lebenswoche, denn jetzt befindet sich Ihr Kleiner in seiner Prägephase. Er ist jetzt besonders aufnahmefähig; was er nun lernt, bestimmt wesentlich sein späteres Verhalten.

Was lernt man in der Welpenschule?

Beim Spielen mit gleichaltrigen Hunden üben die Welpen Sozialverhalten und Kommunikation untereinander. Gleichzeitig lernen sie verschiedenen Menschen wie den Trainer und andere Welpenbesitzer kennen. Weiter stehen in den meisten Welpenschulen die angstfreie Annäherung an andere Menschen, das Nicht-Anspringen und das Nicht-Jagen anderer Tiere auf dem Programm. Weil sie viele Umwelteindrücke erhalten, sind sie später als erwachsene Hunde auch in ungewohnten Situationen gelassener.

Weil der Trainer dieses Spielen erklärend begleitet, erhält auch der Besitzer wichtige Informationen, beispielsweise über das Sozialverhalten und die Kommunikation von Hunden. Geht eine Balgerei einmal zu weit, kann der erfahrene Trainer die Situation richtig einschätzen und gegebenenfalls unterbinden. Darüber hinaus haben die meisten Welpenhalter tausend Fragen an den Trainer und sind für Tipps zu praktischen Alltagsproblemen wie der Stubenreinheit dankbar.

In kurzen Einheiten werden die Welpen spielerisch mit Kommandos vertraut gemacht. Realistisches Ziel ist, dass die Welpen am Ende der Welpenschule folgende Kommandos kennen: Sitz, Platz, Hier/Komm, Aus/Nein.

Wann wird eingeschult?

Nach dem Abholen vom Züchter sollte der Welpe zunächst etwa eine Woche Zeit haben, um sich an das neue Zuhause und seine neue Familie zu gewöhnen. Der Welpe muss die für sein Alter notwendigen Impfungen erhalten haben und es ist ratsam, bereits eine Tierhalterhaftpflichtversicherung abgeschlossen zu haben.

Woran ist eine gute Welpenschule zu erkennen?

Im Idealfall betreut ein Trainer nicht mehr als fünf bis sechs Welpen. Die jungen Hunde sollten alle etwa gleich alt beziehungsweise gleich stark sein. Der Trainer muss die Fähigkeiten des einzelnen Welpen berücksichtigen und die Interaktionen in der Gruppe steuernd begleiten. Es gibt Hundeschulen, die ihre Welpenstunde in einem eingezäunten Gelände oder sogar einer Halle anbieten. Alternativ gibt es so genannte mobile Hundeschulen, die ihre Kurse im Freien abhalten. So oder so: Zur Ausstattung gehören jede Menge bewegliche oder krachmachende Objekte, wie beispielsweise Tunnel, Wippe, Flatterbänder, Planen etc. Zum Programm einer Welpenschule gehört meistens ein Ausflug in die Stadt, wo der Jungspund mit Fahrrädern, Skateboards und ähnlichem vertraut gemacht wird.

Gehen Sie mit Ihrem Welpen zur Welpenschule; es lohnt sich! Dort legen Sie den Grundstein für ein glückliches und entspanntes Leben mit Ihrem Vierbeiner.

Prägen fürs Leben

Im Alter von drei Wochen beginnt für Hunde die so genannte Prägungsphase. In dieser Phase verlassen die Welpen ihr Lager und erkunden ihren Lebensraum. Das Zusammenleben mit Mutter und Geschwistern während dieser Zeit ist prägend für den späteren Umgang mit Artgenossen. Häufiger Kontakt zu Menschen bringt den Welpen jetzt auch dem Menschen als Sozialpartner näher.

Was einem Hund aus dieser frühen Phase seines Lebens vertraut ist, damit wird er später keine Probleme haben. Das gilt für den sozialen Umgang ebenso wie beispielsweise für Geräusche – etwa von Autos, einem Rasenmäher oder einem Fön. Ein Hund, der in dieser Phase wenig Reizen ausgesetzt war, wird später oft ängstlich bis aggressiv auf seine Umwelt reagieren.

Vor allem lässt sich später nicht mehr vollständig aufholen, was ein Hund in der Prägungsphase an sozialem Lernen verpasst hat. Das sollten Sie schon bei der Auswahl Ihres Hundes berücksichtigen – genauer gesagt: bei der Wahl des Züchters. Schließlich nehmen Sie Ihren Hund wahrscheinlich erst mit acht Wochen oder später zu sich.

Achten Sie also darauf, dass Ihr Schäferhund gute Startbedingungen hatte. Er sollte keinesfalls allein im Zwinger groß geworden sein, sondern am besten im Garten. Außerdem sollte er schon beim Züchter viele Kontakte gehabt haben – zu anderen Hunden wie auch zu Menschen.

Foto: Peter Stangel

Gody und Ella von den Bärfallen

C

Herkunft und Geschichtliches

Der Deutsche Schäferhund, mit dessen planmäßiger Züchtung im Jahre 1899 begonnen wurde, ist aus den mitteldeutschen und süddeutschen Schlägen der damals vorhanden gewesenen Hütehunde herausgezüchtet worden.

Abschließendes Ziel dieser Zucht war und ist es, einen zu hohen Leistungen veranlagten Gebrauchshund zu schaffen.

Vit vom Team Fiemereck, X-treme vom Butjenter Land
Mira von Falcon Crest

Foto: Sandra Kursawe

Herkunft und Geschichtliches

Die Vorfahren des Deutschen Schäferhundes gehen auf kurz- und stockhaarige Schläge von Hütehunden aus Deutschland zurück, wie sie Ende des 19. Jahrhunderts auch in vielen Gegenden Europas vorkamen und sich auch dort zu eigenen Rassen entwickelt haben. Sie alle waren keine reinen Hütehunde, hatten zwar die Aufgabe, die Herden zu treiben, sollten aber auch das Hab und Gut der Hirten bewachen und beschützen. Der Deutsche Schäferhund geht vor allem auf die süddeutschen Schläge aus Thüringen und Württemberg zurück. Weitere Schläge aus dem deutschen Gebiet haben sich als Altdeutsche Hütehunde erhalten.

Kuscheln mit Mama
Oliva vom Kirschental mit Blanca vom Ludwigshain

Als Begründer dieser Rasse gilt Max von Stephanitz, der von diesem Hundetyp schlichtweg begeistert war. So kaufte er am 15. Januar 1898 von einem Züchter aus Frankfurt den dreijährigen „Hektor von Linksrhein", den er in „Horand von Grafrath" umbenannte, der erste im Zuchtbuch des Vereins für Deutsche Schäferhunde (SV) eingetragene Schäferhund. Dieser und sein Bruder „Luchs von Sparwasser" sind die Stammväter der Rasse, von denen die meisten Schäferhunde abstammen. Als Stammmutter gilt die Schäferhündin „Mari von Grafrath".

Im Jahre 1891 entstand ein erster Rassestandard für den Deutschen Schäferhund. Stephanitz gliederte die Rasse in drei Klassen: in rauhaarige, glatthaarige und langhaarige Hunde, die Unterschiede zu den damaligen Belgischen- und Holländischen Schäferhunden waren unerheblich. Vorausgesetzt wurden spitze Stehohren, eine gestreckte Schnauze und eine abwärts getragene, buschige Rute. Als durchschnittliche Größe wurden 50–55 Zentimeter angegeben, das Fell durfte schwarz, weiß, grau oder rotgelb sein – sowohl einfarbig als auch mit zahlreichen Abzeichen. Die Farbe Weiß wurde allerdings 1933 aus dem Standard gestrichen. 1894 erregte die Rasse erstmals öffentliches Aufsehen, als fünf Exemplare auf einer Ausstellung in Dortmund auftraten. Am 22. April 1899 wurde in Karlsruhe der Verein für Deutsche Schäferhunde (SV) gegründet, dessen erster Präsident Rittmeister Max von Stephanitz war. Von Stephanitz und sein Freund Arthur Meyer suchten und schufen mit dem Deutschen Schäferhund einen Arbeitshund. Der erste Rassestandard wurde in der ersten Mitgliederversammlung des SV am 20. September 1899 in Frankfurt (Main) nach ihren Vorschlägen aufgestellt. Stephanitz verfasste außerdem das in seiner letzten Ausgabe über tausend Seiten lange kynologische Werk Der deutsche Schäferhund in Wort und Bild.

Die Angst vor einer Vermischung von Deutschen Schäferhunden und Australischen Dingos führte im Jahr 1929 dazu, dass die Regierung des Commonwealth den Import von Deutschen Schäferhunden nach Australien verbot. Dabei befürchtete man, dass die Schäferhunde (teilweise wegen des alten Namens „Elsässer Wolfshund") eine Gefahr für Schafe wären, sich den Dingos zu sehr nähern würden und es so zur Vermischung kommen könnte. Dieses Gesetz (ursprünglich auf fünf Jahre angesetzt) wurde erst 1972 gelockert und 1974 aufgehoben.

Der Deutsche Schäferhund war bei den deutschen Reichsführern sehr beliebt, schon Reichspräsident Hindenburg zeigte sich mit Deutschen Schäferhunden. Diese Beliebtheit brachte jedoch auch Nachteile für die Rasse mit sich: Im Ersten Weltkrieg waren 30.000 Deutsche Schäferhunde an der deutschen Front im Einsatz, von denen viele tausende Opfer des Krieges wurden. Der Deutsche Schäferhund wurde im Dritten Reich zu einem nationalistischen Symbol vermeintlich typisch deutscher Tugenden, wie etwa Mut und Treue. Die NS-Propaganda setzte Adolf Hitler mit seiner Schäferhündin Blondi in zahlreichen Fotos in Szene. Die Instrumentalisierung der Rasse durch die Nazis reicht aber über Propaganda weit hinaus, wie beispielsweise der Einsatz von Schäferhunden in Konzentrationslagern zeigt.

Doch nicht nur bei den Deutschen war der Deutsche Schäferhund beliebt im Kriegseinsatz, bei den Gegnern gleichermaßen. Im Zweiten Weltkrieg waren weltweit bereits um die 200.000 Deutsche Schäferhunde im Kriegseinsatz, damit stellten sie 80 Prozent der gesamten Kriegshunde und nur rund 40.000 von ihnen waren an der deutschen Front.

Im Vereinigten Königreich wird die Rasse auch Alsatian genannt. Ursprünglich war dies aus politischen Gründen (antideutsche Strömungen aufgrund des Ersten Weltkrieges)

Bild rechts:
Rettungshundetraining in den Trümmern
Hund: Bess aus der Wallapampa
Foto: Nadine Brunsen

D

Kind und Hund

Ein ordentlich sozialisierter und geprägter Schäferhund ist ein freundlicher Hund und der perfekte Partner auch für Ihre Kinder.

Das man sehr kleine Kinder niemals mit einem Hund, ganz gleich welcher Rasse, allein lässt, versteht sich von selbst.

Wie Ihr Kind den richtigen Umgang mit einem Schäferhund erlernt, erfahren Sie auf den folgenden Seiten.

Foto: Nico Mayer - Sporthundefotografie

Deutscher Schäferhund, ein kinderlieber, treuer Partner fürs Leben
Basha vom Nasuland mit den Nachbarskindern

12 Regeln für Ihr Kind

Dieses Kapitel richtet sich an Ihre Kinder und ist entsprechend formuliert. Geben Sie ihnen den Text zu lesen, denn die folgenden 12 Regeln helfen, den richtigen Umgang Ihrer Kinder mit dem neuen Hund zu erlernen.

1. Regel: Behandle einen Hund so wie du selbst behandelt werden möchtest.

Auch du magst es nicht, wenn man Dir an den Ohren oder an den Haaren zieht, Dir in der Nase herumbohrt, auf die Zehen tritt oder Dich auch nur einfach abknutscht, wenn Dir gerade nicht danach zumute ist.
Und bitte: Schrei keinen Hund an!
Hunde können nicht reden, können nicht sagen: „Hör auf", können sich nur mit ihren Zähnen wehren, und das kann sehr weh tun...
Weil Hunde besser riechen und besser hören als wir, sind sie sehr empfindlich, was ihre Nase und Ohren angeht. Sie mögen es gar nicht gerne, wenn jemand Fremdes sie anfasst.
Und noch etwas: Hunde haben ein irrsinnig gutes Gedächtnis. Ein Hund, der erst klein und putzig ist, hat später als Erwachsener nicht vergessen, wer ihn als Hundebaby mal geärgert hat.

2. Regel: Ein Hund kann noch so lieb aussehen – geh nicht (ohne zu fragen) zu ihm hin.

Wenn ein Hund will, wird er schon von selbst zu Dir kommen. Viele Hunde lieben Kinder, weil man so gut mit ihnen spielen kann.
Aber: Woher soll der Hund wissen, dass ausgerechnet Du es gut mit ihm meinst? Vielleicht ist gerade dieser Hund von einem Kind mit blauer Hose und langen Haaren schlecht behandelt worden, und nun meint er, alle Kinder die so aussehen, sind nun mal mit äußerster Vorsicht zu genießen. Vielleicht hat auch Nachbars Peterle (er sieht beinah aus wie Du) mit Steinen nach ihm geworfen. Woher soll er wissen, dass Du das nicht tust?
Oder die kleine Karin von gegenüber (sie ist genauso groß wie Du) hat ihn gestern böse am Schwanz gezogen. Das hat ihm sehr weh getan – woher soll er wissen, dass Du ihn nicht am Schwanz ziehen willst?
Man kann nie wissen, welche Erfahrungen ein Hund schon gemacht hat.
Also besser: Nie zu ihm hingehen (ohne sein Frauchen oder Herrchen zu fragen, wenn sie gerade dabei sind).
Und außerdem: Wenn ein Hund auf seinem Platz in der Wohnung oder in seiner Hütte liegt – dann will er meist in Ruhe gelassen werden. Das Lager das Hundes ist sein Reich – störe ihn dort nicht.

3. Regel: Vermeide alles, was ein Hund als Bedrohung auffassen könnte.

Zunächst etwas Grundsätzliches:
Der Hund betrachtet den Menschen als eine Art „Superhund". Wir sind zwar ein wenig anders als er, aber wir leben mit ihm zusammen – also müssen wir etwas ähnliches sein.
Jeder Hund ist glücklich, wenn er in einer (hoffentlich vom Menschen bestimmten) Rangordnung leben darf und seinen bestimmten Platz hat.
Die Besseren und Stärkeren sind über ihm, die Schwächeren oder Schlechteren rangieren eben weiter unten und müssen ihm gehorchen.

Wenn wir jetzt grundlos einen Hund bedrohen, stellen wir eine geliebte Rangordnung in Frage. Und die gilt es zu verteidigen! Es gibt für ihn nur zwei Möglichkeiten: Entweder er kneift und wartet auf eine günstigere Gelegenheit, um es dem „unverschämten Menschenhund" zu zeigen. Oder – was wahrscheinlicher ist – er kämpft! Und wie. Ein richtig wütender Hund ist kaum zu bremsen. Und wir sehen bei so einen Kampf nicht mehr gut aus: Abgesehen von der Schnelligkeit eines Hundes; schau dir seine Zähne an und Deine eigenen. Wir Menschen sind dem Hund durch unsere Klugheit überlegen – aber die hilft in so einem Kampf herzlich wenig. Also besser: Einen Hund nicht herausfordern! Drohgebärden unterlassen!

4. Regel: Schau einem Hund nicht starr in die Augen

Schau auf die Ohrenspitzen, auf die Schnauze oder schau sonst wo hin – nur nicht direkt in die Augen. Wenn sich zwei fremde Hunde begegnen, so versuchen sie, sich zuerst über ihre Stellung in der für sie so wichtigen Rangordnung zu einigen. Dazu gibt es verschiedene Mittel.
Das „Sich-in-die-Augen-Gucken" ist ein ganz wichtiges Mittel. Die beiden Hunde starren sich in die Augen, einer dreht den Kopf weg, der andere ist zufrieden, und beide sind glücklich, dass sie nicht kämpfen müssen. So einfach ist das.
Kann sich aber keiner entscheiden, wegzusehen – nun, dann muss eben gekämpft werden, um den Rang zu behaupten (siehe auch 3.Regel).
Und mit jedem gewonnenen Kampf steigt ein bisschen das Ansehen - man klettert in der Rangfolge.

Wie schon gesagt: Wir sehen bei so einem Hundkampf nicht gut aus.
Besser wir signalisieren dem Hund: „Wir sind so gut, wir haben es gar nicht nötig, das unter Beweis zu stellen" und...
...sehen dem Hund nicht direkt in die Augen!

5. Regel: Komm nicht in Schwanznähe, versuche nicht, daran zu ziehen und tritt nicht darauf.

Es ist für uns nicht ganz so einfach zu begreifen, was der Schwanz dem Hund bedeutet, weil wir so etwas nicht haben. Klar ist nur, dass der Schwanz für den Hund unter anderem ein wichtiges Ausdrucksmittel ist. So wie wir unsere Sprache mit den Händen unterstreichen, ergänzt der Hund seine „Sprache" mit dem Schwanz.
Normalerweise wird dieser mehr oder weniger lange, gerade oder geringelte Körperteil leicht hin und her wedelnd durch die Gegend getragen.

Wird der Schwanz jedoch zwischen die Beine geklemmt, ist Vorsicht am Platze. So zeigt der Hund nämlich, dass er Angst hat, und ängstliche Hunde schnappen schnell nach allem, was sich vor ihrer Nase bewegt. Das gleiche gilt für den Fall, dass der Hund den Schwanz wie ein Verkehrszeichen steil und gerade hoch oder nach hinten streckt. Das bedeutet: „Achtung! – Ich bin gerade furchtbar böse. Wenn ich nicht in Ruhe gelassen werde, kann ich mit meinen Zähnen für Ordnung sorgen."
Beinahe unnötig zu sagen, dass so gut wie jeder Hund stolz auf sein prachtvolles Ende ist, es gar nicht gerne hat, wenn man danach greift (man könnte ihm ja etwas tun), und es notfalls verteidigt. Also: Hände weg vom Schwanz!

6. Regel: Störe keinen Hund beim Fressen. Versuche unter gar keinen Umständen, ihm sein Futter wegzunehmen.

Fressen ist für jeden Hund etwas ungeheuer Wichtiges.
Er ist durchaus in der Lage, zu Hause den Kühlschrank zu leeren, anschließend in der Nachbarschaft zu betteln, um dann – wenn er bestimmt nichts mehr herunterbringt – die Reste für Notzeiten im Tulpenbeet zu vergraben oder unter dem Sofa zu verstecken.

Schon als kleines Baby lernt unser „Bello", sich mehr oder weniger heftig um das Futter zu streiten. Ein sehr gescheiter Mensch, der Forscher Erberhad Trumler, hat das genau beobachtet und beschreibt es so: „Untereinander raufen die Welpen (so nennt man Hundbabys) schon sehr nachdrücklich um die besten Stücke, und man kann die sehr ausgeprägten Verhaltensweisen der Abwehr mit Fellsträuben, Knurren, Abwehrschnappen und anderes mehr beobachten."
(Aus E. Trumler, „Hunde ernst genommen")

Auch als erwachsener Hund wird „Bello" sehr nachdrücklich sein gutes Recht auf das heiß begehrte Futter behaupten. Etwas wegnehmen darf ihm nur der aller oberste Häuptling. Der hat aber seinen vierbeinigen Freund meist so gerne, dass er ihm so etwas Gemeines nur im aller äußersten Notfall zumuten würde.
Jede Störung beim Fressen betrachtet der Hund als einen Angriff auf sein Recht auf Futter, und das darf er einfach nicht hinnehmen. Er wird sein Futter verteidigen – und das mit allen Mitteln. Wieder einmal: Wir sehen bei einem Streit mit dem Hund nicht so gut aus. Außerdem – so doll ist Hundfutter nun gerade auch nicht.
Also: Finger weg vom Futternapf.

7. Regel: Wenn Du mit einem Hund spielst, achte darauf, den Zähnen nicht zu nahe zu kommen.
Hunde spielen schrecklich gerne. Sogar alt und grau gewordene Hundopas und -omas werden scheinbar wieder jung, wenn es gilt, einem Stöckchen oder Bällchen hinterherzulaufen. Es gibt für Hunde nichts Schöneres, als etwas zu fragen oder zu erjagen, es dann festzuhalten, darum spielerisch zu kämpfen, um es zu verteidigen. Dabei kann es leicht passieren, dass das Tier im Eifer einmal mit den Zähnen daneben schnappt. Das ist zwar nicht böse gemeint, tut aber ganz schön weh! Vielleicht hat der Hund als Baby auch nicht gelernt, wie fest man den „Menschenhund" denn überhaupt anpacken darf. Deshalb ist es auch wichtig, dass der kleine Welpe mal in die große Zehe oder die Hand kneifen kann – aber nicht vergessen, rechtzeitig und laut „Aua" zu rufen. Sonst beißt der erwachsene Bello einmal fester zu, als er selbst es will, und ist nachher traurig, dass das schöne Spiel so schnell vorbei war. Grundsätzlich ist es beim spielen sicherer und besser, den Zähnen nicht zu nahe zu kommen.

8. Regel: Versuche nie, raufende Hunde zu trennen.

Viele Hunde spielen auch gerne mit anderen Hunden. Dabei kann es ihnen so gehen, wie es manchmal auch Euch geht: Plötzlich wird aus dem Spiel Ernst. Ein Wort gibt das andere – und schon ist eine handfeste Rauferei im Gange.
Außerdem hast du inzwischen gelernt, dass

Zwei Freunde
Fara von Vierhundert Hertz

es noch einige andere Gründe gibt, warum Hunde kämpfen:

- Wenn es um die Rangordnung geht,
- Wenn es ums das Futter geht,
- Wenn sich der Hund verteidigen muss.

Ein kämpfender Hund konzentriert sich nur auf seinen Gegner. Das heißt: Er hört nichts mehr und lässt sich nicht ablenken. Er ist im Kampf blind, taub und gefühllos. Darum merkt er nicht, wenn er in eine Hand beißt, die ihm helfen will. Darum kannst du nur eines tun: Hole zwei Erwachsene zu Hilfe. Auch die „Großen" müssen vorsichtig sein, wenn Hunde kämpfen. Einer allein darf nie versuchen, zwei vierbeinige Raufbolde zu trennen.
Darum gilt für dich: Auch wenn sich so ein Hundekampf ziemlich schlimm anhört und böse aussieht – nie dazwischengehen. Bleib außer Reichweite. Hol Hilfe.

9. Regel: Egal, ob Du Angst hast oder nicht. Laufe nie – unter gar keinen Umständen – vor einem Hund davon.

Erstens ist der Hund sowieso schneller. Es gibt Hunde die können ein schnelles Fahrrad oder ein Mofa überholen.

Zweitens hat jeder Hund einen Hetz- oder Jagdinstinkt. Dafür kann er nichts. Das ist etwas, das in jedem Hundetier drinsteckt. Wenn sich jemand – oder etwas – schnell von ihm entfernt, dann muss er einfach hinterher, so schnell es geht, um es oder ihn festzuhalten. Schon schlechter, wenn Du das zufällig bist.

Es geben sich viele Frauchen und Herrchen Mühe, ihrem Vierbeiner beizubringen, dass er keinem hinterherläuft. Es kann aber immer wieder vorkommen, dass die Natur mit ihm durchgeht. Dann sieht es so aus, als sei alles umsonst gewesen, und es heißt: Der schlimme Wauwau ist unterwegs.
Da hilft es übrigens auch nicht, auf eine Bank, einen Tisch oder sonst etwas zu klettern. Wo du hinkommst, kann der Hund meist auch hin. Sie können nämlich nicht nur sehr gut laufen, sondern meist auch erstaunlich gut springen und klettern.
Also: Nie vor einem Hund davonlaufen!

10. Regel: Du hast zwei Hände. Der Hund hat nur seine Zähne, um etwas festzuhalten.

Wenn ein Hund nach dir greift, halte still. Es mag noch so blöd klingen. Trotzdem: Nicht bewegen – stillhalten.
Wenn ein Hund versucht, Dich festzuhalten, hat er mit Sicherheit Gründe dafür.

- Möglicherweise hat er Angst und will Deine Hand festhalten, damit sie ihm nichts tut
- Oder er will verhindern, dass Du ihm davon läufst
- Vielleicht hast Du ihn geärgert, ohne es selbst zu wissen, und nun will er Dir zeigen, wer der Stärkere ist

- Oder er will einfach nur mit Dir spielen und weiß nicht so recht, wie man so etwas macht, und denkt nicht daran, dass Deine Haut so dünn ist.

Die meisten Hunde wollen gar nicht beißen, sondern nur festhalten. Das piekst zwar mehr oder weniger stark, gibt vielleicht auch mal kleine Löcher, ist aber meist gar nicht so schlimm, wenn man stillhält.
Schau Dir mal so ein Hundgebiss an. Alle größeren Zähne zeigen nach innen. Klar wenn man da versucht, etwas herauszuziehen, bleibt man hängen, und das gibt dann schon größere Löcher. Widerstand reizt den Hund nur weiter. Etwas, das sich nicht bewegt, ist für Hunde uninteressant.
Also: Nicht bewegen - stillhalten!

11. Regel: Wenn Du mit einem Hund spielst, achte sicherheitshalber darauf, dass ein Erwachsener in der Nähe ist...
...auch wenn`s schwerfällt.

Hunde sind phantastische Spielkameraden. Dabei kann es aber vorkommen, dass sie vor lauter spielen vergessen, dass das Fell von „Menschenhunde" dünner ist als das eigene. Oder sie wollen es einfach nicht loslassen (weil das Deinem großen Bruder, Deiner Schwester oder Deinem Freund auch manchmal so einfällt). Wie gut, dass man jetzt jemanden rufen kann.
Erwachsene sind nun mal größer und meist kräftiger als Kinder. Das bedeutet auch für den Hund ganz automatisch, dass sie ein bisschen mehr zu sagen haben.
Hunde sind in einer Art „gescheite" Tiere. Sie „denken" aber anders als wir. Darum verstehen sie auch unsere Sprache nicht. Das führt gelegentlich zu Unstimmigkeiten.
Denke daran: Bei einem Streit mit einem Hund kann ein Erwachsener zu Deinen Gunsten entscheiden.
Wenn Erwachsene im Zusammenhang mit einem Hund etwas verbieten, muss das unbedingt befolgt werden. Die sagen das nicht, um Dich zu ärgern, sondern aus Sorge um Dich.
Also: Nur mit Hunden spielen, wenn ein Erwachsener dabei ist.

12. Regel: Kein Hund ist wie der andere.
...nicht mal, wenn's Zwillinge sind.

Fritz und Franz sind Zwillinge. Das heißt, sie sind nicht nur Brüder, sondern auch auf den Tag genau gleich alt. Sie sehen sich zum Verwechseln ähnlich.
Trotzdem kann man mit Fritz toll spielen. Mit Franz gibt's aber immer Streit. So verschieden sind die beiden.
Das ist bei Hunden ganz genauso. Ein DSH ist freundlich – ein anderer knurrt. Kurz gesagt: Zwei Hunde, die gleich aussehen, können ganz verschieden sein. Darum musst Du jeden Hund neu kennen lernen. Zeigt Dir der Hund, dass ihm Deine Bekanntschaft nicht angenehm ist – lass ihn.

Versuche nie ihn trotzdem zu streicheln oder gar zu umarmen. Du weißt ja nicht, ob er nicht schon schlechte Erfahrungen mit Kindern gemacht hat (siehe auch 2.Regel).
Aber keine Angst, in den meisten Fällen sind Hunde freundlich, wenn Du nett zu ihnen bist. Schlecht ist nur wenn Du gerade dem einen begegnest, der nicht so freundlich ist.
Darum denke daran: Kein Hund ist so wie der andere. Bei jedem Hund musst Du erst herausfinden, ob er Dich mag.

E

Gesunde Ernährung

Jeder Hund muss artgerecht *ernährt* und nicht einfach mit irgendeinem Billigbrei *gefüttert* werden.

Der Deutsche Schäferhund ist generell unkompliziert in der Ernährung, im Gegensatz zu manch anderer Rasse benötigt er keine sehr spezielle Kost.

Dennoch gibt es einige grundsätzliche Dinge, auf die Sie von Anfang an achten sollten.
Was genau erfahren Sie hier.

Foto: Susanne Oppelt

Lecker!
Gringo Bady-Ron (li) - Fire von der schwarzen Natter (re)

Welpen-Speiseplan

Als Besitzer eines Welpen möchten Sie, dass er zu einem gesunden und leistungsfähigen Tier heranwächst und sein Energiepotential voll ausschöpfen kann. Es ist nicht schwer, ihm dabei zu helfen: Sie müssen Ihren kleinen Freund lediglich von Anfang an richtig ernähren. In diesem Abschnitt finden Sie einige Informationen darüber, mit welchem Futter Sie Ihren Welpen ernähren sollten, damit er zu einem starken und gesunden Hund heranwächst.

Die Nahrung Ihres Welpen muss zunächst einmal gut verdaulich sein, damit sein Körper alle Nährstoffe aufnehmen kann. Außerdem ist es wichtig, dass ihm das Futter schmeckt. Ihr Welpe braucht eine ausgesuchte Kost mit den richtigen Mengen an Eiweiß, Fett, Mineralstoffen und Vitaminen. Im Verhältnis zu einem ausgewachsenen Hund benötigt ein Welpe mehr als die zweieinhalbfache Menge an Kalorien. Außerdem muss die Welpennahrung ausgewogen und besonders angereichert sein, damit das Tier die richtige Menge an Nährstoffen zu sich nimmt.

Welpen-Entwöhnung

Normalerweise beginnt die Entwöhnung der Welpen von der Muttermilch im Alter von drei bis vier Wochen durch die allmähliche Zufütterung von festerer Nahrung. Geben Sie ihnen kleine Portionen, und verteilen Sie sie auf drei oder vier Mahlzeiten pro Tag. Wenn Sie Ihren Welpen bei einem Züchter erwerben, sollte der Kleine bereits entwöhnt und auf feste Nahrung umgestellt sein.

Anfangs-Stress

Für einen Welpen ist es echter Stress, seine Mutter zurückzulassen und in ein neues Zuhause umzusiedeln. Das könnte sich in Form von Magen-Darm-Problemen bemerkbar machen. Füttern Sie über 24 Stunden gekochten Reis und mageres Hühnchenfleisch, bevor Sie ihm wieder seine normale Welpennahrung geben. Sollten Durchfall und Erbrechen jedoch länger als 24 Stunden anhalten oder heftiger werden, ziehen Sie besser Ihren Tierarzt zu Rate. Wenn sich Ihr Welpe erst einmal eingewöhnt hat, möchten Sie seinen Speiseplan vielleicht auf die Nahrung umstellen, für die Sie sich entschieden haben. Dabei sollten Sie darauf achten, das ursprüngliche Futter langsam über zwei Wochen durch das neue zu ersetzen.

Fertignahrung hat Vorteile

Die richtige Ernährung ist notwendig, damit Ihr Welpe gesund bleibt. Einige Hundehalter stellen die Nahrung für ihre Haustiere in Eigenregie her. Aber selbst für erfahrene Züchter ist es schwierig, Nahrung so zuzubereiten, dass sie genau die richtige Menge an Nährstoffen beinhaltet. Am besten gewöhnen Sie Ihren Welpen gleich zu Beginn an Fertignahrungsmittel, diese bieten im Einzelnen folgende Vorteile:

- Sie deckt alle Bedürfnisse des Hundes in Sachen Ernährung ab. Sie ist ausgewogen, enthält die richtigen Mengen Eiweiß, Fett, Kohlehydrate, Mineralstoffe und Vitamine und ist leicht verdaulich.
- Nahrungszusätze sind nicht erforderlich. Vergessen Sie aber nicht, Ihrem

Hund stets eine Schale mit frischem Wasser hinzustellen.

- Sie ist leicht zu handhaben, kann auf Vorrat gekauft und problemlos gelagert werden.
- Fertignahrung ist hygienisch; sie schützt Ihren Liebling vor Infektionen.

Nass- oder Trockennahrung?

Grundsätzlich unterscheidet man zwei Arten von Hundenahrung: Nassnahrung in Dosen oder Schalen und Trockennahrung. Beide enthalten Fleisch und Getreide und garantieren eine ausgewogene Kost mit allen lebenswichtigen Nährstoffen. Trockennahrung ist etwas preisgünstiger und bietet auch gewisse Vorteile in der Handhabung: Man muss sie nicht im Kühlschrank aufbewahren, und sie hält sich einen Tag im Napf. Nassnahrung bietet andererseits Ihrem Vierbeiner ein ganz besonderes Fressvergnügen: Abwechslung durch verschiedene Geschmacksrichtungen.

Welpen und Junghunde

Beide Lebensabschnitte sind für die Entwicklung des Hundes äußerst bedeutsam. Während dieser Phasen entscheidet sich, wie der Hund sich später einmal entwickeln wird. Welpen sind besonders aktiv und wachsen schnell. Deswegen brauchen sie eine spezielle Welpennahrung, die sie mit genügend Energie versorgt. Dabei muss man immer bedenken, dass nicht alle Hunde im selben Alter erwachsen werden – dies hängt ganz wesentlich vom Endgewicht bzw. von ihrer Rasse ab. Kleine Rassen bzw. Zwergrassen hören im Alter zwischen 9 und 12 Monaten auf zu wachsen, während große Rassen noch bis zum Alter von 18 bis 24 Monaten weiter wachsen.

Grundsätzlich lässt sich aber sagen, dass bei allen Rassen die erste Entwicklungsphase – bis der Welpe die Hälfte seines Gewichts als erwachsener Hund erreicht hat – im Alter von fünf bis sechs Monaten endet. Durch eine gesunde Ernährung kann sich die genetische Veranlagung des Welpen voll entfalten. Bei Überfütterung kann es vor allem bei Welpen der großen und so genannten „Riesenrassen" zu Knochenanomalien kommen.

Tipps zur Welpenernährung

Sättigung

Welpen können immer fressen, weil die Nahrungsaufnahme – nicht wie beim Wolf durch Beute machen – am Napf stattfindet. Beim Wolf dauert das Suchen und Auffinden der Beute eventuell Stunden, aber für unsere Hunde nur 10 Minuten. Da funktionieren die körpereigenen Systeme der Sättigung nicht: Die Dehnung des Magens, höherer Blutbedarf der Verdauungsorgane mit Müdigkeit, ansteigende Nährstoffgehalte im Blut.

Futtermenge

Die Futtermenge ist, besonders bei Hunden im Wachstum, auf mehrere Mahlzeiten zu verteilen und so zu bemessen, dass der Napf blankgeschleckt wird. Die auf den Produktverpackungen angegebenen Fütterungsempfehlungen können nur typische Bedarfsmengen angeben. Der Nährstoff- und Energiebedarf hängt dabei nicht nur vom Körpergewicht ab! Haarlänge, Fellart, Unterbringung, Alter, Temperament, Umgebungstemperatur und Belastungen können individuell bis zu 20% geringerem, aber auch bis zu 50% höherem Futterbedarf führen. Die Angaben auf der Verpackung sind also nur ungefähre Richtwerte, die exakte Anpassung muss der Hundehalter anhand der Gewichtsentwicklung vornehmen, um Übergewicht zu vermeiden.

Futterverweigerung

Wenn Ihr kleiner Liebling das angebotene Futter verweigert, und keine Krankheitsanzeichen zu erkennen sind, wie Fieber, Durchfall, tränende Augen oder Mattigkeit, sollte das Futter entfernt werden und nach einer halben Stunde erneut angeboten werden. Bei einer Futterverweigerung des Welpen über einen Tag hinaus, sollten Sie tierärztlichen Rat einholen.

Futterumstellungen

Plötzliche Futterumstellungen können zu Kotproblemen führen, weil die Verdauungsorgane mit der anderen Futterzusammensetzung nicht zurecht gekommen sind. Die Gehalte an Eiweiß, Fett und Kohlenhydraten sind bei Trockennahrung völlig anders, als bei Feuchtnahrung. Teilweise unverdaute Futterbestandteile gelangen in den Dickdarm, wodurch sich Teile der Darmflora unverhältnismäßig vermehren können. Gasbildungen und Fäulnisprozesse reizen die Dickdarmschleimhaut, der Kot wird nicht stark genug eingedickt, sondern weicher und heller abgesetzt.
Futterumstellungen können durch allmählichen Übergang innerhalb von ca. 5 Tagen vom einen auf das andere Futter gemacht werden. Oder, man gibt 2 Tage nur Wasser, und beginnt am dritten Tag mit dem neuen Futter, aber in der halben deklarierten Menge, und auf 2 Mahlzeiten verteilt.

Mahlzeiten organisieren

Zwei Mahlzeiten täglich sind immer besser, als alles auf einmal. Die Futtermenge sinkt, weil die kleinere Menge besser verwertet wird und Magen und Darm werden weniger belastet.

Machen Sie niemals den Fehler, Ihrem Welpen ein anderes Futter anzubieten, wenn er die gewohnte Mahlzeit verweigert. Es gibt zwar verschiedene Geschmacksrichtungen um Abwechslung in den Napf zu bringen. Der Grund für die Futterverweigerung kann aber ernster Natur sein, und muss abgeklärt werden. Im einfachen Fall erziehen Sie Ihren kleinen Racker so zum mäkeligen Fresser.

Ähnliches kann entstehen, wenn Futter ständig zur freien Aufnahme bereit steht. Welpen fressen nicht nach ihrem Energiebedarf, wie Katzen, die eine bestimmte Energiemenge aufnehmen, und dann aufhören. Durch die häufige Futteraufnahme leert sich der Magen nie vollständig, die Magenschleimhaut kann sich nicht richtig regenerieren, auch Dünn- und Dickdarm sind ständig beschäftigt.
Ihr Welpe sollte möglichst zu regelmäßigen Zeiten seine Mahlzeiten haben und einen Napf, den ihm kein anderer Hund streitig macht. Der Wassernapf steht etwa einen Meter weg, damit das Wasser sauber bleibt. Die Näpfe sind nach dem Füttern zu reinigen. Bei wachsenden Hunden können auch der Zahnwechsel und die eintretende Geschlechtsreife zur Reduzierung der Futteraufnahme führen. Totale Futterverweigerung über 2 Tage deutet aber auf eine Erkrankung hin. Wenn außerdem kein Wasser aufgenommen wird, sollte der Welpe

schleunigst dem Tierarzt vorgestellt werden.

Ernährung im Wachstum

Ihr Welpe ist jetzt schon ein halbes Jahr alt – und so viel gewachsen! Immer wieder hört man, dass von diesem Alter an statt Welpen- nun ein Futter für erwachsene Hunde gegeben werden sollte, damit das abschließende Wachstum nicht zu schnell verläuft. Denn Fertigfutter für Junghunde enthalte angeblich zu viel Eiweiß. Diese Empfehlung ist allerdings falsch.

Zwar dürfen z. B. große Hunderassen nicht zu schnell ihre endgültige Größe und Masse erreichen, weil sonst die Knochen und Gelenke zu stark belastet werden. Dauerhafte Gelenkschäden oder Fehlstellungen können die Folge sein. Im nun folgenden Entwicklungsabschnitt Ihres Hundes sollte daher die Energie in der Nahrung genau dem Bedarf des Tieres angepasst sein. Dies ist bei der Verwendung der Welpen- und Junior-Futtersorten gewährleistet.

Zuviel Eiweiß?

Die Annahme, dass eine vermehrte Eiweißzufuhr Schäden im Wachstum verursacht, ist mittlerweile wissenschaftlich widerlegt. Im Gegenteil: Die Organentwicklung und die Ausbildung von Muskelmasse sind noch nicht abgeschlossen.

Ihr Vierbeiner benötigt daher viel und besonders gut verdauliches Eiweiß zum Aufbau der körpereigenen Proteine. Der im Vergleich zur Adult-Nahrung höhere Eiweißgehalt in den Welpen- und Junior-Varietäten ist deshalb nach wie vor von großer Wichtigkeit für Ihren wachsenden Hund.

Mineralstoffe für wachsende Hunde

Bedenken Sie bitte, dass Hunde bis zum zwölften und besonders große Rassen sogar bis zum 18. Lebensmonat wachsen. In dieser Zeit steht die Ausbildung des Skelettsystems im Vordergrund. Dafür ist zum einen die richtige Menge an Kalzium im Futter, darüber hinaus aber auch das richtige Verhältnis von Kalzium und Phosphor von größter Wichtigkeit. In beiden Punkten ist der Bedarf anders als beim bereits erwachsenen Hund. Deshalb ist ein Adult-Futter für Ihren Hund jetzt noch nicht geeignet. Junior- und Welpennahrung dagegen berücksichtigen den empfindlichen Mineralstoffbedarf ihres heranwachsenden Vierbeiners genau. So lassen sich viele Skelettfehler, die auf die früher übliche unpräzise Verwendung von Kalzium-Zusatzprodukten zurückgingen, heute durch die Verwendung einer guten Fertignahrung vermeiden.

Die richtige Futtermenge

Noch wichtiger als bisher ist bei der Fütterung allerdings, dass Sie Ihren Hund nicht überfüttern! Denn: Ein Zuviel an Futter und damit ein zu großes Energieangebot kann durch das zu schnelle Wachstum zu dauerhaften Gelenkschäden führen.
Bitte kontrollieren Sie daher genau die täglich gegebene Futtermenge. Sind Sie sich unsicher wegen der richtigen Futtermenge oder der anzustrebenden Gewichtsentwicklung Ihres Vierbeiners, dann wenden Sie sich an Ihren Züchter oder Ihre Tierarztpraxis.

Auch wenn Ihr Kleiner gar nicht mehr so klein aussieht: Noch gilt Ihr Hund als Junghund und muss dementsprechend behandelt, aber auch gefüttert werden! Wechseln Sie also nicht zu früh auf ein Futter für erwachsene Hunde, sondern füttern bis zu seinem 1. Geburtstag Welpennahrung.

Der erwachsene Hund

Futterbedarf

Der Futterbedarf wird auch von der Zusammensetzung, der Energiedichte und der Qualität des Produktes bestimmt. Diese Faktoren sind produktspezifisch und kommen hier nicht zur Betrachtung.

Körpergewicht

Generell gilt: Je größer der Hund, desto weniger Energie benötigt er pro kg Körpermasse. Der Energiebedarf wird in Kilo-Joule pro Tag (kJ/d) gemessen. Ein Hund mit 1 kg Gewicht (kgLM) benötigt 460 kJ/kgLM/d, bei 80 kg LM sind es noch 150 kJ/kgLM/d. Für 80 Hunde von 1 kg brauche ich etwa 2580 g Adult Trockenfutter pro Tag. Der 80 kg schwere Bernhardiner kommt mit 890 g pro Tag aus. Außer bei wachsenden Hunden soll sich das Körpergewicht nicht großartig ändern.

Fellart

Je länger das Deckhaar und je dichter die Unterwolle, desto besser isoliert das Fell. Der kurzhaarige Hund (z. B. Mops) verliert also mehr Energie in Form von Wärme über die Haut als der Langhaarige. Er braucht also mehr Futter, um das Körpergewicht zu halten. Für den Fellwechsel werden bis zu 10 % mehr Futter benötigt (bei kleinen Hunde mit hoher Haarmasse) und nicht nur einzelne „Fellwachstumsstoffe".

Temperament und Aktivität

Temperamentvollere und aktivere Hunde brauchen mehr Futter, als ruhigere oder weniger aktive Vertreter. Für die verstärkte Muskelbewegung werden zusätzlich Nährstoffe und Energie gebraucht. Besonders deutlich ist das, wenn man zwei Hunde derselben Rasse und Geschlecht in stark unterschiedlichem Alter hat.

Umgebung

Ob ein Hund nur in der temperierten Wohnung lebt, oder ob er seinen Platz in einem Zwinger hat, wirkt sich besonders bei winterlichen Wetterlagen erhöhend auf seinen Nahrungsbedarf aus. Die Aufrechterhaltung einer konstanten Körpertemperatur ist lebenswichtig. Hunde können bei ausreichender Nahrungs- und Wasserzufuhr auch sehr tiefe Temperaturen überstehen.

Belastungen

Bewegungsleistungen, die über das freiwillige Niveau hinausgehen, wie Fährtenarbeit, Ausdauerprüfungen, Zugleistung beim Schlittenhund, Agility, Breitensport, aber auch Trächtigkeit und Laktation stellen hohe Anforderungen an den Stoffwechsel. Wird hier der Nährstoff- und Energiebedarf nicht gedeckt, kommt es zu Ausfallerscheinungen.

Altern

Der Alterungsprozess ist in den Erbanlagen fixiert und wird von dort aus gesteuert. Der Stoffwechsel wird insgesamt gedrosselt, Aktivität und Temperament werden gesenkt. Die Verwertung der Nahrung kann eingeschränkt sein, der Energieverbrauch wird geringer. So haben alternde Hunde oft einen erhöhten Bedarf an Mineralstoffen und Vitaminen, brauchen aber weniger Energieträger im Futter und der Appetit nimmt etwas ab. Im Durchschnitt werden Hunde heutzutage älter, als früher. So zeigen sich Erkrankungen, die durch das hohe

Alter wahrscheinlicher werden, häufiger.

Hundefutter wird als Nass- und Trockennahrung angeboten. Beide Futterarten können miteinander vermischt verwendet werden. Es gibt belastungs- und altersorientierte Varietäten, dazu ein großes Snack-Programm zur Belohnung und für die Zahnpflege.

Ernährung, Haut und Fell

Funktionen der Haut
Die Haut ist das größte Organ und umschließt und schützt den Körper aktiv und passiv außen und innen. Sie hat Funktionen im Bereich des aktiven und passiven Immunsystems, und des Stoffwechsels. Sie kann Müllkippe und Nährstofflager sein, wird für die Kommunikation verwendet, arbeitet beim Wärmehaushalt mit und reagiert auf hormonelle und klimatische Veränderungen.

Hautprobleme
Zu Ektoparasiten, Mikroorganismen und Wunden, kommen weitergereichte Probleme aus dem Stoffwechsel. Funktionsstörungen von Leber und Nieren gelangen über den Blutkreislauf in Form von Abfallstoffen in die Haut. Dadurch wird die normale Hautfunktion verändert, es kann zu Ausscheidungsprozessen über die Haarfollikel kommen, was die normale Haarbildung verändert oder verhindert. Die Schutzfunktion der Haut verschlechtert sich, Keime können haften und sich vermehren. Die eigentliche Ursache Leber/Nieren steht jetzt im Hintergrund, die Haut wird gekratzt, aufgebissen.

Allergien
Die Diagnose "Allergie" bei Juckreiz wird meistens zu unrecht gestellt. Eine echte Allergie führt zu Fieber, Mattigkeit, Futter und Wasserverweigerung. Dazu können Durchfall, Erbrechen, Husten, Nasenausfluss und Tränenfluss kommen. Die Ursache für eine Allergie liegt im Hund selbst, er bildet Antikörper gegen einen bestimmten Eiweißtyp. Das kann Rinder- oder Schweine- oder Weizeneiweiß sein.
Diese Sensibilisierung läuft ohne Krankheitsanzeichen ab. Bei erneuter Aufnahme des Allergens kommt es zur einer starken Reaktion des Immunsystems, weil das Eiweiß als Feind erkannt, und durch die Antikörper in der Schleimhaut der Atmungsorgane oder des Magen-Darm-Traktes bekämpft wird.
Asthma ist so eine echte Allergie. Die Allergie selbst ist nicht einmal das große Problem, sondern die Folgeerkrankungen. Die Veranlagung zur Ausprägung einer echten Allergie wird vererbt.

Durch einen Allergietest könnte eine noch nicht sensibilisierte Allergie sogar "aufgeweckt" werden. Jetzt nur noch Pferdefleisch und Kartoffeln zu füttern, ist der falsche Weg. Ohne die bedarfsgerechte Ergänzung mit Vitaminen und Mineralstoffen ergeben sich Folgeprobleme im Bereich Leber und Nieren, sowie Nährstoffmangel und -überschuss.

Fellprobleme
Die Haare bestehen fast ausschließlich aus Eiweiß (Keratin) und Spurenelementen. Ein kleiner Hund mit langem und dichtem Fell kann zum Haarwachstum bis zu 10 % mehr Futter benötigen. Ernährungsfehler in der Zeit des Fellwechsels können sich erst Monate später zeigen. Und wenn das Haar

aus dem Haarfollikel herausgewachsen ist, kann es über die Ernährung nicht mehr erreicht werden. So sind Pflegemittel über das Futter eigentlich sinnlos und beseitigen die Ursache für das Fellproblem nicht.

Der ältere Hund

Ernährungsumstellung

Fest steht, dass ältere Hunde weniger aktiv sind als in jungen Jahren. Sie neigen daher zu Übergewicht. Da Übergewicht nicht nur das Wohlbefinden, sondern auch die Gesundheit Ihres Hundes gefährdet, sollten Sie seine Ernährung rechtzeitig gezielt umstellen.

Verringern Sie jedoch einfach nur die Menge des gewohnten Futters, um Kalorien zu sparen, bleiben leider auch wichtige Nährstoffe wie Vitamine und Mineralien auf der Strecke. Auf diese ist Ihr Hund im Alter aber besonders angewiesen.

Spezielles Futter

Sehr gut geeignet ist ein spezielles Futter für ältere Hunde wie viele Hersteller es anbieten, das gezielt auf den Ernährungsbedarf von Senioren abgestimmt ist. Es ist weniger kalorienreich, enthält gleichzeitig aber höhere Mengen an wichtigen Vitaminen und Nährstoffen. Liegt bei ihrem Hund bereits eine Alterserkrankung vor, können geeignete Spezialfuttermittel wichtiger Bestandteil der Behandlung sein.

Übergewicht - und nun?

Übergewicht ist auch bei Hunden leider weit verbreitet. Genau wie Menschen mit Normalgewicht leben auch Hunde ohne überflüssige Pfunde gesünder.

Zuwenig Bewegung, zuviel Futter

Wenn Hunde sich zu wenig bewegen und auch noch zuviel fressen, ist Übergewicht lediglich eine Frage der Zeit. Die Kalorien, die Ihr Hund nicht bei seinen täglichen Aktivitäten verbraucht, werden direkt in Fett umgewandelt. Oftmals sind es gar nicht die regulären Mahlzeiten, die zum Übergewicht führen, sondern die Leckerbissen, die der Hund ganz nebenbei erhält. Snacks enthalten meist viele Kalorien. Wer seinen Hund damit belohnt sollte die Kalorienmenge von der regulären Mahlzeit abziehen. Wahre Kalorienbomben sind Tischreste. In der Regel sind sie zu fett. Außerdem verlieren Sie den Überblick, wie viel Ihr Hund im Lauf des Tages wirklich zu sich nimmt. Wenn Sie konsequent sind und das Füttern bei Tisch unterbinden, wird Ihr Hund obendrein mit dem lästigen Betteln aufhören.

Stoffwechselstörungen

Selten kommt es auch vor, dass ein Hund übergewichtig wird, weil er unter Stoffwechselstörungen leidet. Die meisten Stoffwechselstörungen, die zu Fettansatz führen, kann Ihr Tierarzt mittels einer Blutuntersuchung feststellen. Auf die richtige Ernährung sollten Sie schon bei Welpen Wert legen. Überfütterte Welpen wachsen zu schnell, weil nicht das optimale, sondern das maximale Wachstum erreicht wird. Wenn Sie Ihren Hund von klein auf richtig füttern, wird er später weniger Gesundheitsprobleme haben. Ob Ihr Hund zu dick ist, können Sie ganz einfach prüfen, indem Sie ihm mit der flachen Hand über die Rippen streichen. Wenn Sie die Rippen nur schwer fühlen können, sollte der Hund abnehmen. Fragen Sie hierzu auch Ihren

Tierarzt.

Lebenserwartung
Übergewicht führt auch beim Hund zu einer kürzeren Lebenserwartung. Die Hunde mit überflüssigen Pfunden sind weniger robust und anfälliger gegenüber Krankheiten aller Art. Und sollte einmal eine Operation oder Betäubung nötig werden, sind sie einem erhöhten Risiko ausgesetzt, weil sie meist auch Kreislaufprobleme haben. Knochen und Gelenke werden durch das zusätzliche Gewicht belastet. Arthrosen (chronische Krankheiten der Gelenke) können entstehen und sich verschlimmern. Hunde mit Übergewicht fühlen sich nicht wohl, weil sie nicht fit sind. Sie bewegen sich schwerfällig und sind beim Spielen und Toben eingeschränkt.

Übergewicht birgt also definitiv Gefahren für Ihren Hund. Und schränkt seine Lebensfreude ein. Sie können und sollten etwas dagegen tun!

Im Folgenden nenne ich einige Probleme, die bei Hunden durch Übergewicht verursacht werden oder sich verstärken können:

- Eingeschränkte Beweglichkeit nicht zuletzt durch Gelenkprobleme wie Arthrose, Hüftgelenksdysplasie, Wirbelsäulenprobleme
- Herz-, Kreislauferkrankungen
- Verminderte Ausdauer
- Lebererkrankung
- Diabetes mellitus
- Erhöhtes Risiko bei Operationen und Narkose
- Hitzeunverträglichkeit
- Schlechter Zustand von Haut und Fell
- Verringerte Widerstandsfähigkeit gegen Infektionskrankheiten
- Atembeschwerden

Diätfutter
Abnehmen bedeutet vor allem, dass Ihr Hund sich mehr bewegen muss und dabei weniger Kalorien zu sich nimmt. Sie können sein übliches Futter reduzieren, besser jedoch ist es auf ein kalorienreduziertes Futter umzusteigen, von dem Ihr Hund mehr fressen darf. Außerdem reduziert FdH, also nur die Hälfte füttern, nicht nur die Kalorien – sondern auch die Vitamine und Mineralstoffe und das soll vermieden werden. Er fühlt sich dann eher gesättigt und wird nicht nach mehr verlangen.

Ihr Tierarzt kann Ihnen Tipps geben und spezielle Diäten empfehlen, der Erfolg hängt jedoch von Ihnen und den anderen Familienmitgliedern ab. Nur Sie können dafür sorgen, dass Ihr Hund wirklich nur die empfohlene Kalorienmenge zu sich nimmt und abnimmt. Das erfordert einigen Aufwand, Energie und Konsequenz, aber es sollte Ihnen die Mühe wert sein. Sie werden staunen, wie munter und agil Ihr schlanker, vierbeiniger Freund sein wird.

Ihr Tierarzt setzt ein Gewichtsziel für Ihren Hund fest und legt die tägliche Futtermenge fest. Er kann auch ein besonders kalorienarmes Futter empfehlen. Dies ist so abgestimmt, dass es den Hund sättigt, ihm alle Vitamine und Mineralstoffe zuführt, die er braucht und trotzdem weniger Kalorien enthält als normales Futter.

Entscheidend für den Erfolg einer Diät ist, dass Ihr Hund wirklich nur das frisst, was der Arzt Ihnen empfiehlt. Ihre Familie und jeder, der mit Ihrem Hund in Kontakt

kommt, sollte den Diätplan respektieren. Bleiben Sie hart und geben Sie Ihrem Hund nichts zusätzlich zu Fressen, auch wenn er Sie anschmachtet und vorgibt kurz vor dem Verhungern zu sein.
Vielleicht fällt Ihrem Hund auch eine schrittweise Ernährungsumstellung leichter. In diesem Fall bieten Sie über mehrere Tage immer mehr des neuen und immer weniger des alten Futters an. Auf das Betteln bei Tisch reagieren Sie am besten, in dem Sie ihn nicht beachten oder sperren Sie ihn aus. Achten Sie auch darauf, Ihren Hund während einer Diät nicht zusammen mit anderen Heimtieren zu füttern. Sonst kann er sich an den Näpfen der anderen Tiere bedienen. Und sorgen Sie immer dafür, dass er ausreichend frisches Wasser hat. Regelmäßiger Auslauf tut fast allen Hunden gut, da durch mehr Bewegung auch mehr Kalorien verbrannt werden. Ist Ihr Hund schon älter oder in sehr schlechter körperlicher Verfassung, fragen Sie den Tierarzt, bevor Sie seinen täglichen Auslauf verlängern.

Wie lange Ihr Hund auf Diät gesetzt wird, hängt davon ab, wie viel er abnehmen muss. Es kann zwischen 8 und 14 Wochen dauern, bis er sein Idealgewicht erreicht hat. Ist dies geschafft, wird er ein spezielles Diät- und Trainingsprogramm absolvieren, um sein Gewicht zu halten.

Spezialdiät

Während einer Diät braucht Ihr Hund eine besondere Nährstoffzusammensetzung. Durch möglichst kalorienarme Nahrung werden seine Fettvorräte abgebaut. Trotzdem sollte die Futtermenge normal sein, damit er sich nicht zu hungrig fühlt. Außerdem muss die Versorgung mit allen wichtigen Nährstoffen gewährleistet sein. Ihr Tierarzt kann Ihnen eine Spezialdiät empfehlen, die diesen Ansprüchen genügt. Diese Spezialdiäten haben im Gegensatz zu Diäten für Menschen in der Regel keinen besonders hohen Ballaststoffanteil. Bei Tieren sind Ballaststoffe zum gesunden Abnehmen nicht nötig. In großen Mengen können sogar Nebenwirkungen wie vermehrter Stuhlgang und Appetitlosigkeit aufgrund des faden Geschmacks auftreten.

Ernährungsfehler

Krankheitserreger in rohem Fleisch

Rohes Fleisch kann Krankheitserreger enthalten. Insbesondere über rohes Schweinefleisch kann das Virus der Aujeszkyschen Krankheit, die beim Hund stets tödlich verläuft, übertragen werden. Aber auch in rohem Fisch, Rind- und Geflügelfleisch können Erreger wie Salmonellen und Wurmlarven stecken. Da diese erst bei sehr hohen Temperaturen abgetötet werden, darf Fleisch nur sehr kontrolliert roh verfüttert werden.

Tischreste

Tischabfälle und Speisereste haben im Hundenapf nichts zu suchen. Nahrungsmittel, die für den Menschen bekömmlich sind, sind für den Hund oft schädlich. Zu wenig Eiweiß, zu viel Fett oder zu stark gewürzte Speisen können zu Fellproblemen, Übergewicht oder anderen Erkrankungen führen.

Leckerli

Nichts spricht dagegen, einen Hund ab und zu mit einem Leckerbissen zu belohnen oder auch einfach mal zwischendurch zu verwöhnen. Nur gesund muss er sein, der Snack. Wer zu Käse, Keksen, Aufschnitt oder Kartoffelchips greift, beschwört bei seinem Hund überflüssige und ungesunde Pfunde herauf, und das tut ihm alles andere als gut. Ein hundegerechter Snack fördert dagegen nicht nur die gute Beziehung zwischen Mensch und Hund, sondern unterstützt auch die Gesundheit und das Wohlbefinden des Vierbeiners. Allerdings sollte auch hier auf ein gesundes Maß geachtet und der Nährwert der Snacks von der Hauptration abgezogen werden.

Schokolade

Schokolade enthält Theobromin, ein so genanntes Methylxanthin, das in größeren Mengen für Hunde giftig sein kann. Studien haben gezeigt, dass Hunde im Vergleich zu anderen Säugetieren sehr viel empfindlicher auf Theobromin reagieren. Mögliche Folgen sind Erbrechen, Durchfall, starkes Hecheln, Unruhe und Muskelzittern.

Knochen

Wer seinem Hund Knochen gibt, riskiert gleich mehrere Gefahren. An einem Knochen können sich Hunde regelrecht die Zähne ausbeißen. Außerdem gelangen die runtergeschluckten Knochen oft gar nicht in den Darm, sondern werden wieder erbrochen. Scharfe Knochensplitter sind in der Lage, den Rachenraum und den Magen-Darm-Kanal erheblich zu verletzen. Hinzu kommt, dass Knochenreste – weil sie schwer verdaulich sind und lange im Dickdarm verbleiben – sich zusammenballen und austrocknen. Dadurch entsteht der so genannte weiße „Knochenkot", der für den Hund sehr schwer abzusetzen ist. Manchmal muss dieser sogar durch eine Darmspülung beim Tierarzt entfernt werden. Ist das nicht möglich, hilft oft nur noch eine sofortige Notoperation.
Um das natürliche Bedürfnis des Hundes zu knabbern und zu nagen, ohne Risiko und auf gesunde Weise zu stillen, bieten die verschiedenen Futtermittelhersteller eine große Auswahl an hundefreundlichen Snacks.

Nur Fleisch

Ein Hund ist ein Fleischfresser – oder genauer gesagt ein Beutetierfresser – er lebt aber dennoch nicht von Fleisch allein. Neben tierischen Nährstoffen braucht er auch pflanzliche Nahrung. Bei reiner oder auch einer weit überwiegenden Fleischfütterung bekommt ein Hund zu viel Phosphor, zu wenig Kalzium, Kohlenhydrate und Rohfasern. Mögliche Folgen sind Verdauungs- und Wachstumsstörungen, irreparable Knochen- und Gelenkerkrankungen.

Biologische Rohfütterung für Ihren Hund
ISBN 978-3-8423-2578-4 (Abb. ähnlich)
Paperback, 100 Seiten, Im Buchhandel: 19,90 €

Amok vom Kattenstedter Busch
Foto: Viktoria Pott

F

Die richtige Pflege

Mit einem Schäferhund kommt ein Hund in Ihre Familie, der nicht besonders aufwendig in der Pflege ist. Ein Reinlichkeitsfanatiker sollten Sie ohnehin nicht sein, denn lose Haare werden Sie auf jeden Fall immer wieder und überall finden.

Trotzdem ist es natürlich nötig, für ein bisschen Reinlichkeit zu sorgen - schätzen werden das vor allem Sie und Ihre Wohnung...

Foto: Ludwig Rauchmeir

Wir sind ein tolles Team!
Hira, Kaya und Lenka vom Ecknachtal

Fell

Ihr Schäferhund hat ein recht dichtes (je nach Varietät kurzes oder langes) Fell mit Unterwolle. Die Pflege ist nicht besonders schwierig, muss aber trotzdem regelmäßig und gründlich erfolgen - ansonsten sammeln sich ausgefallene Haare überall in Ihren Textilien. Wer einen DSH hat, sollte auf keinen Fall ein Reinheitsfanatiker sein, denn ganz ohne Haare auf den Möbeln und der Kleidung geht es nicht, insbesondere während der Zeit des Haarwechsels zweimal im Jahr. Zur Fellpflege verwenden Sie am besten eine weiche Noppenbürste oder einen Noppenhandschuh. Dieser hat den Vorteil, dass die ausgebürsteten Haare sich wunderbar ineinander verstricken und nach der Pflege bequem wie ein „Flies" abgenommen werden können. Oft wird geraten, den DSH einmal wöchentlich zu bürsten, ich bin der Meinung es darf ruhig öfter sein. Eine tägliche Pflege stärkt die Bindung, regt Kreislauf und Hautfunktionen Ihres Hundes an und vermindert den Haarverlust in der Wohnung erheblich.
Manche Welpen mögen diese Prozedur anfangs nicht - lassen Sie sich nicht davon abbringen. Machen Sie spielerisch weiter und massieren Sie den kleinen Hund mit dem Handschuh - nach einer gewissen Zeit wird er es genießen und sich gerne pflegen lassen.

Pfoten und Krallen

Mitunter wachsen die Krallen Ihres Lieblings schneller als sie sich bei den täglichen Spaziergängen abnutzen können - dann ist es wichtig, sie mit einer speziellen Krallenzange zu kürzen. Bitte lassen Sie dies beim ersten Mal von Ihrem Tierarzt erledigen, der Ihnen dann auch genau zeigt, wie das sachgerecht gemacht wird. Bei richtiger Vorgehensweise ist das nichts anderes als die Nagelpflege bei uns Menschen. Falsch angewendet kann eine solche Krallenzange aber schon zu Verletzungen führen und das wollen wir dem Hund ja ersparen.

Achten Sie darauf, dass die Pfoten Ihres Hundes, insbesondere nach einem Spaziergang, sauber und frei von Fremdkörpern sind. Ihre Möbel, vor allem aber Ihr Hund wird es Ihnen danken, denn eingetretene Aststückchen oder kleine Steine verursachen schnell schmerzhafte Wunden, die nicht selten zu Entzündungen führen.
Im Winter reiben Sie die Pfoten vor dem Spazieren gehen mit Vaseline ein - das schützt vor den Witterungseinflüssen in der kalten Jahreszeit.

Augen

Der Schäferhund hat keine besonderen Probleme mit seinen Augen, trotzdem reinigen Sie diese jeden Morgen mit einem weichen Tuch. Verunreinigungen oder Sekret reiben Sie bitte zur Nase hin und nehmen sie dann mit dem Tuch ab. Sollten sich (über Nacht) Sekretkrusten gebildet haben, befeuchten Sie diese bitte mit lauwarmem Wasser und nehmen sie erst ab, wenn sie weich sind. Übermäßige Sekretproduktion kann ein erstes Anzeichen für eine Krankheit sein, bitte ziehen Sie bei einem Verdacht das untere Lid ganz leicht herunter - eine gerötete Bindehaut ist ein weiteres Anzeichen für gesundheitliche Probleme, der Gang zum Tierarzt ist unausweichlich. Bitte kontrollieren Sie die Augen jeden Tag.

Ohren

Etwa in wöchentlichen Abständen kontrollieren und reinigen Sie die Ohren Ihres Hundes, Ohrenschmalz entfernen Sie ebenfalls mit einem weichen Tuch. Bitte geben Sie kein Öl in die Ohren - das kann zu Entzündungen führen. Wenn überhaupt, verwenden Sie spezielles Ohrpflegemittel, welches Sie vom Tierarzt bekommen. Bitte verwenden Sie keine Wattestäbchen um die Ohren zu reinigen, damit schieben Sie leicht Ohrenschmalz vor das Trommelfell, wo sich dann ein Pfropfen bilden kann.

Nase

Auch Ihr DSH wühlt natürlich gerne in der Erde herum und zieht sich so schon einmal eine schmutzige Nase zu. Darüber hinaus ist dies die zweite Stelle an diesem kleinen Kerl, die Sie besonders im Auge halten sollten. Nase und vor allem die Falten darüber sollten Sie auf jeden Fall immer gründlich reinigen um Entzündungen vorzubeugen. Warmes Wasser und ein Papiertaschentuch leisten hier gute Dienste. Achten Sie auch auf saubere Nasenlöcher, die Sie ggf. vorsichtig mit einem Wattestäbchen von Sekret befreien können. Sollte die Hunde-Nase einmal rissig werden, was vor allem im Winter vorkommen kann, pflegen Sie sie bitte mit einer fettenden, geruchlosen (!) Salbe, z. B. mit Vaseline.

Zähne und Zahnfleisch

Gottlob ist die Zahnpflege beim Hund inzwischen „gesellschaftsfähig" geworden. Was früher einfach nicht gemacht wurde ist heute normal. Mangelnde Zahnhygiene führt bei Ihrem DSH nahezu zwangsläufig zu Zahnstein, der sich in braunen Belägen um die Zähne fügt. Die Folgen sind übler Mundgeruch und letztlich starke Schmerzen für Ihren Hund. Nimmt Zahnstein Überhand, kann er nur noch (unter Narkose) vom Tierarzt entfernt werden - eine Prozedur, die Sie Ihrem Hund und sich ersparen sollten. Auch wenn Trockenfutter oder Kauartikel für eine gewisse Grobpflege sorgen, kommen Sie nicht daran vorbei, Ihrem Schäferhund die Zähne zu putzen.

Etwa ab dem 6. Lebensmonat können Sie Ihren Hund an das tägliche Putzen gewöhnen - anfangs ist viel Geduld gefragt, später ist es einfach ein übliches Ritual wie bei uns Menschen auch. In Ausnahmefällen, wenn Ihnen die Zeit fehlt oder wenn es denn gar nicht klappen soll mit der Putzerei, können Sie auch spezielle Kauprodukte verwenden, die helfen, die Zähne zu reinigen. Verschiedene Futtermittelhersteller haben solche Artikel im Angebot, deren Wirkung mitunter sogar wissenschaftlich nachgewiesen ist.

Einführung in die Zahnputzroutine

Quelle: Initiative Zahngesundheit

Hunde müssen langsam an das Zähneputzen herangeführt werden, damit sie lernen, die Erfahrung zu genießen.

Zur täglichen Zahnputzroutine braucht man:

- Hundezahnpasta (keine für Menschen entwickelte Zahnpasta)
- Saubere Hände und kurze Fingernägel (sicherer für den Hund)
- Eine Tierzahnbürste (mittlere Borsten)

- Wasser
- Einen ruhigen Bereich wo es kaum bzw. keine Störungen gibt
- Geduld!

Die einzelnen Phasen sollten etwa fünf Minuten dauern und an fünf aufeinanderfolgenden Tagen wiederholt werden, bevor zur nächsten Phase übergegangen wird. Jeder Hund ist anders – deshalb sollte individuell auf das Tier eingegangen werden. Vorsicht ist geboten, wenn Sie Ihre Finger in das Hundemaul stecken. Bei aggressiven Hunden oder solchen, die zum Beißen neigen, ist dies nicht zu empfehlen.

Schritt 1: Gewöhnung an den Geschmack der Zahnpasta
Hände waschen und eine kleine Menge Zahnpasta auf den Zeigefinger verteilen, die der Hund dann ablecken darf. Mehrmals wiederholen.

Schritt 2: Gewöhnung an den Maulkontakt
Zahnpasta auf den Zeigefinger verteilen und diesen dann behutsam in das Maul schieben und über die äußere Oberfläche von Zähnen und Zahnfleisch gleiten lassen. Nur soweit nach hinten gehen, wie es für den Hund noch angenehm ist. Mehrmals wiederholen.

Schritt 3: Einsatz der Hundezahnbürste – Eckzähne zuerst!
Zahnbürste mit Wasser und Zahnpasta vorbereiten und den Hund etwas Zahnpasta von der Bürste lecken lassen. Behutsam die Schnauze mit der Hand umfassen, damit er aufhört zu kauen, dann vorsichtig anfangen erst die Eckzähne zu bürsten – in einer Auf- und Ab-Bewegung. Die Zahnbürste abgewinkelt am Zahnfleisch ansetzen und in Richtung der Zahnspitze streichen. In dieser Phase sind die Vorderzähne (Schneidezähne) noch außen vor zu lassen, da sie am empfindlichsten sind.

Schritt 4: Die Zahnbürste – hintere Zahnreihe
Wie zuvor beschrieben mit dem Reinigen der Eckzähne beginnen (Auf- und Ab-Bewegung).
Langsam in einer kreisenden Bürstenbewegung zu den Zähnen hinter den Fangzähnen wechseln – nur soweit wie es der Hund zunächst zulässt. Beide Seiten des Gebisses reinigen.

Schritt 5: Die Zahnbürste – alle Zähne
Wie zuvor mit dem Putzen der Eckzähne beginnen, dann die hinteren Zähne und zum Schluss die Schneidezähne.
Mit der Hand die Schnauze umfassen und sanft mit Daumen und Zeigefinger die Oberlippe anheben, um die Schneidezähne sichtbar zu machen. Viele Hunde reagieren empfindlich und niesen unwillkürlich beim Putzen der Schneidezähne. Die Vorderzähne behutsam mit einer Auf- und Ab-Bewegung (wie bei den Eckzähnen) putzen. Nach und nach immer etwas mehr Zeit zum Zähneputzen aufwenden. Für einen maximalen Schutz sollten die Zähne täglich geputzt werden.

After

Es kommt nicht häufig vor - aber es ist durchaus möglich, dass der After Ihres Hundes einmal durch Kot oder Analdrüsensekret verklebt ist. In diesem Fall lässt sich diese Verschmutzung mit lauwarmem Wasser aus dem Duschschlauch gut entfernen.

G

Rundum gesund

Kompetente Züchter halten sich an die Zuchtbestimmungen der VDH-Rassezuchtvereine und richten ihre Bemühungen darauf aus, gesunde Hunde ins Leben zu schicken, an denen Sie viel Freude haben werden.

In Sachen Gesundheit gibt es aber trotzdem ganz generelle Dinge zu beachten und über die eher rassetypischen Erkrankungen sollten Sie auch etwas Wissen haben.

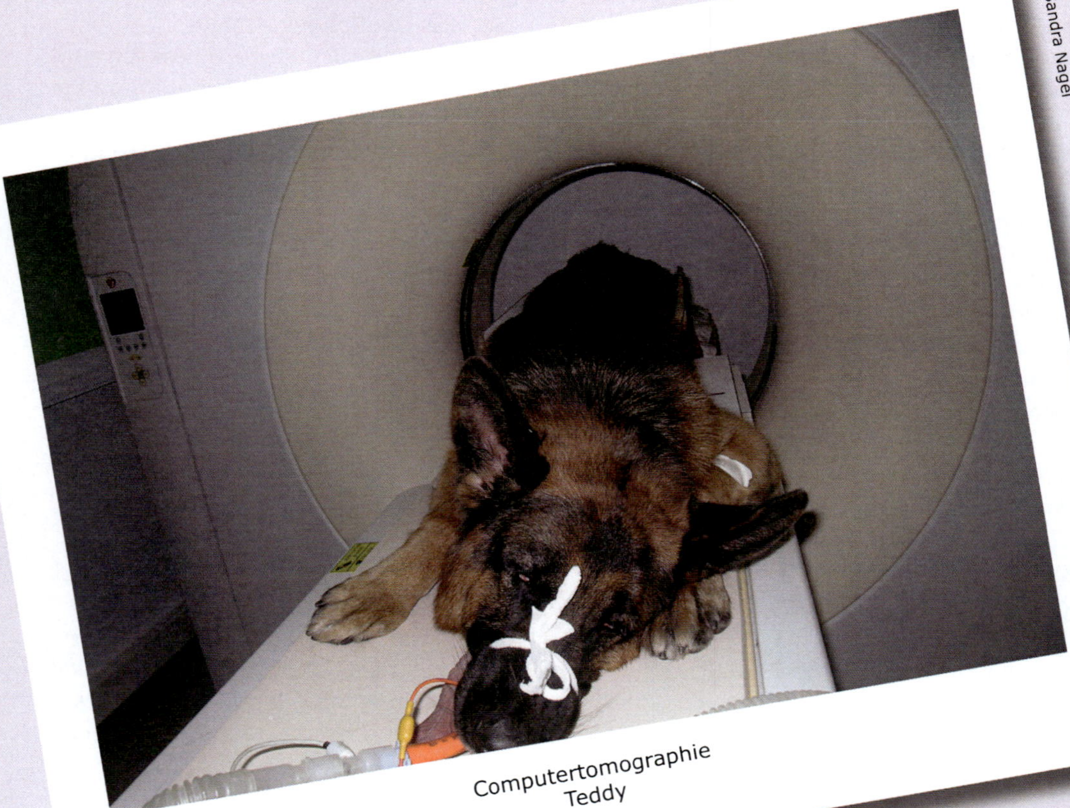

Foto: Sandra Nagel

Computertomographie
Teddy

Impfen - muss das sein?

Hol` den Ball!
Carlos vom Fuchsbachtal

Die Antwort ist ein klares „JA".
Noch immer sterben Hunde an vermeidbaren Infektionskrankheiten und immer wieder fordern schwere Seuchenausbrüche zahlreiche Hundeleben. Es ist absolut unvermeidbar, dass wir unsere Hunde auch weiterhin impfen, denn obwohl die Erkrankungen seltener geworden sind, stellen sie immer noch eine ernstzunehmende Bedrohung dar.

Denn: Krankheiten gibt es überall.

Verbesserte Impfstoffe werden uns dabei helfen, dem entgegenzuwirken. Allerdings können wir nur erfolgreich sein, wenn die Mehrheit der Hundebesitzer – wie Sie – ihre Hunde jährlich zur Untersuchung bringen und ihren Haustieren den Schutz bieten, den sie brauchen.

Gegen welche Krankheiten muss ich meinen Hund schützen?

Staupe (S)
Auch wenn die Staupe keine häufige Krankheit mehr ist, gibt es wieder Ausbrüche. Erst vor ein paar Jahren gab es eine größere Epidemie in Finnland, bei der Tausende Hunde starben.
Aber auch in Deutschland tritt Staupe regional auf. Das Staupevirus ist dem Masernvirus sehr ähnlich und ruft eine schwere, potenziell tödliche Krankheit hervor. Eine spezifische Behandlung gibt es nicht.

Hepatitis contagiosa canis (H)
Ähnlich wie die Staupe ist Hepatitis eine schwere, ebenfalls tödlich verlaufende Krankheit, die durch ein hochansteckendes Virus hervorgerufen wird. Zu den absolut typischen Anzeichen gehören Erbrechen, Übelkeit und Gelbsucht. In einigen Fällen kann die Krankheit einen milderen Verlauf nehmen; vielfach ist jedoch stationäre Behandlung erforderlich. Manche Tiere sterben bereits, bevor die Krankheit erkannt wird. Der Erholungsprozess kann langwierig sein und nicht selten bleiben schwere Organschäden zurück.

Parvovirose (P)
Diese hochansteckende Viruserkrankung ist in einigen Regionen noch weit verbreitet. Es handelt sich um eine schwere Krankheit, die insbesondere bei Welpen tödlich verlaufen kann. Massives Erbrechen und oft blutiger Durchfall sind Hauptsymptome. Die Behandlung ist sehr schwierig und oft erfolglos.

Leptospirose (L)
Leptospirose wird durch Bakterien übertragen. Die Ansteckung erfolgt hauptsächlich über infizierten Urin von Überträgern wie Ratten und Mäusen oder auch anderen Hunden. Durch solchen Urin verunreinigte

Gewässer stellen eine Hauptansteckungsquelle dar. Auch Menschen, die mit infiziertem Tierurin in Kontakt kommen, können sich anstecken. Die Leptospirose ist eine gefährliche Krankheit, die ebenfalls tödlich verlaufen kann. Im ländlichen Bereich sind auch landwirtschaftliche Nutztiere Überträger.

Zwingerhusten
Zwingerhusten (infektiöse Tracheobronchitis) ist eine ansteckende Erkrankung der Atemwege, die sich vorrangig dort verbreitet, wo Hunde einen engen Kontakt zu Artgenossen haben: Hundepensionen, Tierheime, Ausstellungen usw. Die Erkrankung wird durch einen Komplex an bakteriellen und viralen Erregern hervorgerufen. Die Behandlung verläuft meistens erfolgreich und die Tiere erholen sich in der Regel vollständig. Zwingerhusten bedeutet jedoch oft eine lang andauernde medikamentöse Therapie mit Antibiotika und ist deshalb eine große Belastung für Hund und Halter. Die gewöhnliche Impfung gegen Zwingerhusten schützt vor Parainfluenzaviren (Pi). Darüberhinaus ist eine Impfung verfügbar, die zusätzlich vor dem Bakterium Bordetella bronchiseptica (Bb) schützt und dort verabreicht wird, wo die Erreger eintreten: in die Nase. Fragen Sie Ihre Tierärztin / Ihren Tierarzt.

Tollwut (T)
Die Tollwut gehört zu den am längsten bekannten viralen Infektionskrankheiten und ist sicher auch die gefürchtetste. Noch immer sterben jährlich weltweit zehntausende Tiere und Menschen. Tollwut ist nicht heilbar. Die Übertragung geschieht durch infizierten Speichel. Dank intensiver veterinärbehördlicher Maßnahmen konnte die Tollwut in Deutschland eingedämmt werden, tritt aber noch immer auf. Beim Reisen mit Tieren sind die Vorschriften der Reiseländer zu beachten. Für die Rückreise nach Deutschland gilt zudem auch die hiesige Tollwutverordnung.

Coronavirose (Cv)
Infektionen mit Coronaviren äußern sich in übelriechenden Durchfällen. In der Regel erholen sich die Tiere nach zwei bis drei Wochen vollständig. Bei Welpen und bei Mischinfektion (z.B. mit Parvoviren) verursacht der Erreger auch schwerwiegende Krankheitsverläufe. Daher wird die Impfung gegen Coronaviren besonders bei Welpen und Hunden mit viel Kontakt zu Artgenossen empfohlen.

Impfungen werden im Haustierausweis eingetragen, der vor allem bei Reisen ins Ausland mitgeführt werden muss.

Quelle: Intervet Deutschland GmbH

Wurmkur/Impfplan		
Alter	Impfung	Entwurmung
2. Woche		ja
4. Woche		ja
6. Woche		ja
8. Woche	1. Grundimpfung	ja
10. Woche		ja
12. Woche	2. Grundimpfung	ja

Entwurmung - was ist das?

Als Entwurmung, populär auch "Wurmkur", bezeichnet man die Gabe eines Anthelminthikums (Wurmmittels). Dabei kann die Entwurmung entweder prophylaktisch (ohne vorherigen Nachweis von Würmern bzw. deren Eiern) oder therapeutisch (bei Vorliegen einer konkreten Erkrankung) erfolgen.

Hunde sind häufig mit verschiedenen Nematoden und Bandwürmern befallen. Routinemäßig kann folgendes Entwurmungsschema angewendet werden:

- Welpen: alle 2 Wochen nach der Geburt bis 2 Wochen nach dem Absetzen.
- Erwachsene Tiere: etwa vier Mal im Jahr.

Dabei werden bei Welpen zumeist Mittel gegen Nematoden (insbesondere gegen Spulwürmer) verabreicht. Bei älteren Tieren empfiehlt sich auch eine prophylaktische Behandlung gegen Bandwürmer. Für die gleichzeitige Behandlung stehen Kombinationspräparate zur Verfügung.

Ihr Schäferhund bekommt Würmer - und zwar garantiert!

Jeder Hund wird schon als ungeborenen Welpe, auch während der gesamten Säugeperiode, durch die Muttermilch mit Larven von Spul- und Hakenwürmern infiziert.

Durch Schnüffeln oder Schlecken an fremdem Hundekot (Vogelkot ist übrigens der Überträger schlechthin) können Hunde sich jederzeit neu infizieren. An unseren Schuhsohlen tragen wir Menschen die winzigen, unsichtbaren Eier mit in die Wohnung und verbreiten sie dort.

Mit Bandwürmern infizieren sich die Hunde nicht direkt über die Aufnahme von Eiern, sondern indirekt über Flöhe und Mäuse, sowie rohes Fleisch.

Es ist also absolut unerlässlich, Ihren Hund regelmäßig zu entwurmen. Am besten etwa alle 3 Monate. Das Präparat bekommen Sie von Ihrem Tierarzt - die Paste wird einfach in den Mund gegeben, mitunter gibt es das Mittel auch in Form von Tabletten.

Foto: Thomas Mainholz

Deutsche Schäferhund, Hochzuchtlinie...
Gustl von Casamano

Ektoparasiten

Die Bezeichnung "Ektoparasiten" bedeutet, dass diese Schmarotzer außen oder auf der Körperoberfläche ihres Wirtes zu finden sind. Die äußeren Parasiten unserer Haustiere gehören entweder zu den Insekten (Flöhe, Haarlinge, Mücken) oder zu den Spinnenarten (Zecken, Milben). Nicht alle von Ihnen leben immer auf ihren Wirten. Einige, wie zum Beispiel Zecken, Flöhe und Mücken, verlassen nach der Blutmahlzeit ihren Wirt und vermehren sich in dessen Umgebung weiter. Neben der direkten Schädigung des Wirtsorganismus durch Entnahme von Körpersubstanz, beispielsweise Blut, können die blutsaugenden Parasiten auch Überträger gefährlicher Krankheiten sein.
Ein Befall mit Ektoparasiten äußert sich im Allgemeinen durch Juckreiz und mehr oder weniger typische Hautveränderungen. Ihr Nachweis erfolgt entweder durch Augenschein (Zecken, Flöhe und Haarlinge sind mit bloßem Auge zu erkennen), durch mikroskopische Untersuchung oder durch Blutuntersuchung.

Flöhe

Nahezu jeder Hund wird im Laufe des Lebens einmal von Flöhen befallen. Auch reine Wohnungshaltung schützt nicht vor diesen Plagegeistern, denn selbst der Besitzer kann unbemerkt einen Floh einschleppen.
Flöhe sind 2-3 mm große, schwarzbraune Parasiten, die sich ca. 1 Stunde zur Blutmahlzeit vornehmlich im Rücken- und Halsbereich, hinter den Ohren und auf der Kruppe von Hunden aufhalten. Sie können 1-2 Monate ohne Blutmahlzeit in der Umgebung des Tieres leben. Dort, oder auch auf dem Fell des Tieres legen sie ihre Eier ab. Aus den Eiern schlüpft eine Larve, die sich, je nach Umgebungstemperatur, innerhalb von zwei Wochen bis zu sechs Monaten zur Puppe weiterentwickelt. Die Puppe kann bis zu einem Jahr überleben. Der erwachsene Floh schlüpft dann besonders in warmen Jahres- und Umgebungszeiten, insbesondere wenn die Wohnung im Winter geheizt wird. Nachdem der erwachsene Floh hunderte von Eiern gelegt hat, stirbt er nach 6 Monaten. Seine Nachkommenschaft unterhält durch den Flohzyklus eine permanente Flohplage.
Der Nachweis von Flöhen erfolgt durch Auffinden der Parasiten mit einem Flohkamm oder über den typisch rußartigen, krümeligen Flohkot, der im Fell zu finden ist. Mit einem Tropfen Wasser aufgelöst, bildet der Blut enthaltende Flohkot eine rötliche Verfärbung.

Floh, Mikroskopaufnahme

Läuse
Es gibt verschiedene Arten von beißenden und saugenden Läusen, die wirtsspezifisch Hunde, Katzen, Meerschweinchen und Menschen befallen.
Der Entwicklungszyklus findet ausschließlich auf dem Wirt statt. Adulte Läuse legen ihre Eier im Fell ab, wo diese sog. "Nissen" an den Haarschäften festkleben. Nach 7 - 10 Tagen schlüpfen die Läuse. Sie nehmen dann innerhalb von 24 Stunden ihre erste Blutmalzeit und häuten sich anschließend drei Mal innerhalb von drei Wochen.
Die adulten Läuse erkennt man an ihren kleinen, ovalen, blauen Körpern mit schwarzem Kopf, die in Gruppen im Fell der Tiere festsitzen.
Befallene Körperregionen sind Kopf, Ohrbehänge, Achseln, Ellbogenbeuge, Leisten und die Gegend um den After.
Symptome bei Läusebefall sind juckende, schuppende Ekzeme, die sich durch Kratzen der Tiere verschlimmern. Bei starkem Befall von saugenden Läusen kann bei geschwächten Tieren sogar eine Blutarmut entstehen.

Haarlinge
Ebenfalls zu den Insekten gehören die Haarlinge von Hund (Trichodectes canis). Sie sind in Körperbau und Lebensweise den Läusen nahe verwandt. Obwohl sie kein Blut saugen, sondern sich von Hautschuppen und - Absonderungen ernähren, verursachen sie erheblichen Juckreiz, was die befallenen Tiere dazu veranlassen kann, durch Kratzen die eigene Haut zu schädigen.
Die gesamte Entwicklung der Haarlinge findet auf dem Körper des Wirtstieres statt. Die Weibchen kleben ihre Eier (Nissen) an den Haaren fest. Die beweglichen Haarlinge, Größe etwa 0,5-1,5mm sowie die in den Haaren festsitzenden Nissen sind schon mit bloßem Auge zu erkennen. In der Regel werden überwiegend geschwächte, sehr junge oder Tiere aus unhygienischen Haltungsbedingungen von Haarlingen befallen. Außerhalb ihres Wirtes können Haarlinge nur wenige Tage überleben, die Ansteckung erfolgt von Tier zu Tier.
Diagnose und Behandlung eines Haarlingsbefalls sind vergleichsweise einfach. Unter dem Mikroskop erkennt der Tierarzt diese Parasiten an ihrer typischen Körperform, zu Behandlung sind fast alle Parasitenmittel geeignet.

Mücken
Mit diesen Plagegeistern, die vor allem im Frühsommer in der Nähe von Gewässern ihren Wirten das Leben zur Hölle machen können, hat sicher schon jeder seine eigenen leidvollen Erfahrungen gemacht. Bei unseren behaarten Hausgenossen werden der weniger haarige Bauch und die Ohren bevorzugt. Im günstigsten Fall trägt der Gestochene nur eine juckende Schwellung davon. Aber aus Mückenstichen können auch ernst zu nehmende Erkrankungen entstehen. Zunächst kann der Organismus auf den Mückenstich an sich oder auch auf irgendeine Substanz, die am Saugrüssel haftete, allergisch reagieren, so dass sich die Bissstelle entzündet, bis hin zur Blutvergiftung. Noch gefährlicher ist es, wenn die Mücke bei ihrer Mahlzeit mit ihrem Speichel Krankheitserreger in das Blut abgibt. Gelbfieber und Malaria sind Erkrankungen, deren Erreger von Mücken übertragen werden.
Für Hunde, die mit in den Mittelmeerraum reisen, besteht eine große Gefahr durch Schmetterlingsmücken. Dieser Parasit,

auch "Sandfliege" genannt, überträgt die für Menschen und Tiere lebensbedrohende Krankheit Leishmaniose. Es ist auf jeden Fall ratsam, im Anschluss an einen Aufenthalt in Gebieten, wo dieser Parasit heimisch ist, nach der Rückkehr eine Blutuntersuchung auf Reisekrankheiten durchführen zu lassen.

Zecken

Zecken sind weltweit vorkommende, blutsaugende Parasiten und gefährliche Krankheitsüberträger bei Mensch und Tier. Weltweit gibt es mehr als 850 Zeckenarten, die Träger und Überträger unterschiedlicher Krankheitserreger sein können.

Für den Hund sind in Europa vor allem drei Zeckenarten von Bedeutung: Der gemeine

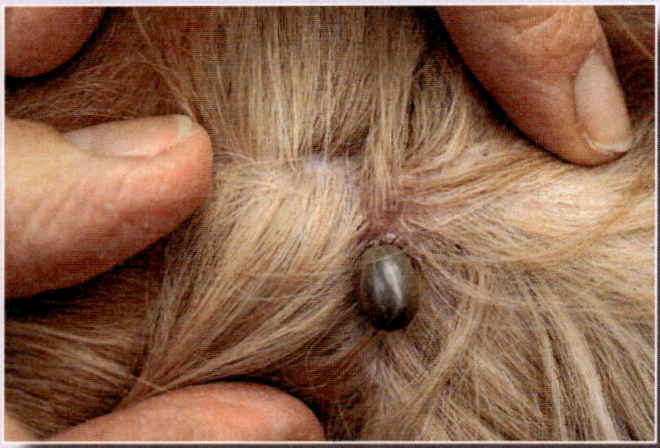

Holzbock (Ixodes ricinus) lebt als Freilandzecke in Wäldern, Parks, hohen Wiesen und an Wegrändern. Der gemeine Holzbock befällt vorwiegend Hunde und Katzen, aber auch den Menschen und andere Tierarten. Er spielt als Krankheitsüberträger der Borreliose und der Frühsommer-Meningoenzephalitis (FSME) bei Hund und Mensch eine wichtige Rolle.

Die Braune Hundezecke (Rhipicephalus sanguineus) wurde aus mediterranen Urlaubsländern nach Deutschland eingeschleppt und hält sich sowohl in Zwingern und Ställen, aber auch in Wohnungen auf, wo sie sich auch schnell vermehren kann. Die braune Hundezecke befällt bevorzugt den Hund, auf den sie sowohl die Babesiose als auch die Ehrlichiose übertragen kann.

Die Bunt- oder Auzecke (Dermacentor reticulatus) ist gekennzeichnet durch ein marmoriertes Rückenschild und bevorzugt als Lebensraum feuchtere Gebiete wie Auwälder und Moore. Als Wirt dienen der Buntzecke oder Auzecke große Haus- und Wildsäugetiere, aber auch Hunde. Sie spielt als Überträger der Babesiose auch in Deutschland eine große Rolle.

Eine Zecke macht vier Entwicklungsstadien durch, ehe sie "erwachsen" ist: Ei, Larve, Nymphe und erwachsene Zecke. Um sich vom Larvenstadium in die nächsten Stadien weiterzuentwickeln, benötigt die Zecke Blutmahlzeiten von ihren Wirten.

Zeckenzeit

In Deutschland findet man Zecken je nach Witterung von März - Oktober, gehäuft treten sie in den Zeiträumen Mai - Juli und September - Oktober auf. Die Hauptzeckensaison in südeuropäischen Ländern ist von November bis Januar. In nordeuropäischen Ländern ist Zeckenzeit von Juni bis September.

Zecken können gefährliche Krankheiten auf ihre Wirte übertragen, die besonders in den mediterranen Ländern weit verbreitet sind. Durch das erhöhte Reiseaufkommen in den vergangenen Jahren und der damit verbundenen Einschleppung von infizierten Zecken, treten diese Krankheiten jetzt auch vermehrt in Deutschland auf. Die wichtigsten durch Zecken auf den Hund übertragenen Krankheiten sind die Borreliose, die Babesiose und die Ehrlichiose. Die ebenfalls durch Zeckenbisse übertragene Frühsommer-Meningoenzephalitis (FSME) kann auch für den Hund gefährlich werden, beim Menschen führt sie häufig zum Tod.

Lyme-Borreliose (Lyme Disease)

Auch die Lyme-Borreliose beruht auf einer bakteriellen Infektion, die durch Zeckenbisse übertragen wird (in Europa durch den Gemeinen Holzbock, Ixodes ricinus; in den USA durch die Rehzecke, Ixodes scapularis). Die Erkrankung wird durch verschiedene Borrelien-Arten ausgelöst, von denen der wichtigste Erreger Borrelia burgdorferi ist. Obwohl die Infektionsrate bei Hunden in manchen Regionen bis zu 85% beträgt, entwickeln nur etwa 3-5% aller Tiere Krankheitssymptome. Dazu gehören Fieber, Gliederlähmung, Lethargie und allgemeines Unwohlsein sowie Erkrankungen der Lymphknoten.

Lyme-Borreliose ist darüber hinaus auch die häufigste menschliche Erkrankung, die durch Zecken übertragen wird. Besonders der Nordosten der USA sowie in zunehmendem Maße Europa sind davon betroffen. Infizierte Menschen entwickeln charakteristische Lähmungserscheinungen der Gliedmaßen und eine chronische Arthritis.

Babesiose (Piroplasmose)

Die Babesiose gehört zu den wichtigsten Parasiten-übertragenen Infektionskrankheiten des Hundes (CVBD, canine vector-borne diseases). Sie wird durch verschiedene Zeckenarten übertragen. Ihr schwerer Krankheitsverlauf wird durch den Einzeller Babesia canis versursacht, der die roten Blutkörperchen befällt und zerstört. Das Krankheitsbild ähnelt daher sehr der menschlichen Malaria, weswegen die Babesiose auch als Hunde-Malaria bezeichnet wird. Die Erkrankung äußert sich in einer bestimmten Form der Blutarmut (hämolytische Anämie), die mit hohem Fieber, Lethargie, Schwäche sowie Blut im Urin verbunden ist. Im weiteren Krankheitsverlauf kann sich die Blutarmut verstärken und neben Gelbsucht auch einen Kollaps und multiples Organversagen verursachen.

Ehrlichiose

Die bakterielle Ehrlichiose-Erkrankung wird durch die Braune Hundezecke (Rhipicephalus sanguineus) übertragen Der häufigste Erreger, Ehrlichia canis, ist im Gegensatz zu anderen Ehrlichia-Arten nicht für den Menschen gefährlich. Die Inkubationszeit der Infektion beträgt zwischen acht und zwanzig Tagen, aber der Krankheitsverlauf ist oft schleichend und kann unbehandelt über Jahre hinweg zu einer lebensgefährlichen chronischen Ehrlichiose und zur irreversiblen Zerstörung des Knochenmarks führen. Einige Hundearten wie der Schäferhund aber auch Hundewelpen sind von der Krankheit stärker betroffen. Die Symptome der Ehrlichiose sind sporadisches Fieber, Erkrankungen der Lymphknoten, Gewichtsverlust, Blutungen und schwere Augenerkrankungen.

Parasitenbefall verhindern

Meiden Sie Orte mit hoher Zeckenwahrscheinlichkeit
Ganz lässt sich die Begegnung mit Zecken nie verhindern – es sei denn, Ihr Hund wird von Wald und Wiesen ferngehalten. Aber wer in der Zeit von April bis Juni und von September bis Oktober den Spaziergang in dichter Vegetation meidet, kann das Risiko eines Holzbockangriffs immerhin reduzieren.

Suchen Sie Ihren Hund nach jedem Spaziergang sorgfältig auf Zecken hin ab
Werden Zecken gefunden, sollten diese schnell und vollständig entfernt werden.

Meiden Sie mit Tierkot verschmutzte Plätze
Die Wurmeier im Darm lebender Peitschenwürmer, Spulwürmer und Hakenwürmer werden mit dem Kot zusammen ausgeschieden und sind im Freien bzw. im Erdboden lange (bei vorteilhafter Witterung bis zu einigen Jahren) infektiös. Entfernen Sie auch liegen gelassene Exkremente fremder Tiere in Ihrer Umgebung.

Vermeiden Sie einen Kontakt Ihres Hundes zu streunenden und verwahrlosten Tieren
Hunde und Katzen, die nicht regelmäßig entwurmt werden und sich frei bewegen können, besitzen mit einiger Wahrscheinlichkeit Würmer und unliebsame Fellbewohner wie Flöhe, Milben und Läuse. Da Eier, Larven und Segmente von Würmern oft im Fell ihrer Wirte kleben, reicht das Beschnüffeln und Belecken, um die Parasiten aufzunehmen und zu verschlucken. Im Falle von Hakenwürmern können die Parasiten auch vom Boden durch die Haut ins Haustier gelangen, ohne dass andere Tiere anwesend sind.

Vertrauen Sie nicht auf den Gebrauch von Hausmitteln
Hausmittel wie Knoblauch oder Lavendel sollen durch einen starken Geruch die Parasiten abhalten, aber die Wirkung ist meist nicht belegt. Abgesehen davon können die Gerüche die empfindlichen Nasen von Hund und Katze stören oder – wie im Falle einer hohen Dosis Knoblauch – auch schädlich wirken.

Unterziehen Sie Ihren Hund einem regelmäßigen Gesundheitscheck
Ein Parasitenbefall kann zu Beginn oder bei geringem Ausmaß zunächst unbemerkt bleiben. Der regelmäßige Besuch beim Tierarzt ermöglicht ein fachmännisches Urteil.

Vermeiden Sie bei verdächtigen Anzeichen einen engen Umgang des Hundes mit Kindern
Kinder sind oft noch nicht in der Lage, die entsprechenden Hygienemaßnahmen eigenständig durchzuführen. Besteht der Verdacht auf einen Parasitenbefall, sollten daher strengere Regeln für die Kleinen gelten (Hund nicht aufs Zimmer oder ins Bett nehmen, Hände nach Streicheln waschen, Zugang zum Tierklo verbieten, u.ä.)

Was tun bei Vergiftungen?

Das Wichtigste ist: Ruhe und Nerven bewahren!

Grundsätzlich empfiehlt es sich in allen Vergiftungsfällen, auch wenn es sich nur um einen Verdacht handelt, mit einem Tierarzt Kontakt aufzunehmen.
Ist dieser nicht zu erreichen, können Sie auch den 24-Stunden-Notdienst der Firma Bayer HealthCare anrufen:

Ärztliche Abteilung, Leverkusen:
Telefon: 0175-30 15660

Weiterhin sollten Sie Folgendes beachten:

Zuerst müssen Sie die weitere Giftaufnahme abstellen, verhindern Sie also, dass das Tier weiterfrisst!
Bevor Sie zum Tierarzt fahren, sammeln Sie folgende Informationen:

- Beschreibung des Giftes (evtl. Verpackung, sonst Farbe, Konsistenz etc.)
- Reste des Giftes, soweit vorhanden
- Zeitpunkt der Giftaufnahme (vermutet oder beobachtet?)
- Menge des aufgenommenen Giftes
- Möglichst Erbrochenes für einen Giftnachweis sicherstellen

Häufige Vergiftungsfälle

Rattengift
Bei Rattengiften handelt es sich in der Regel um Blutgerinnungshemmer. Falls ein Tier Rattengift gefressen hat, kommt es zu unstillbaren Blutungen. Die Tiere werden matt, blass und schweratmig, zeigen oft Erbrechen.
Suchen sie sofort einen Tierarzt auf!

Glykolvergiftung (Frostschutzmittel)
Glykol ist süß und wird daher – besonders von Katzen – sehr gerne aufgenommen. Die Tiere erbrechen, sind unruhig und haben Durst.
Suchen Sie sofort Ihren Tierarzt auf!

Verschiedene Giftpflanzen
Verschiedenste einheimische Zier- und Wildpflanzen sind für unsere Haus- und Nutztiere z. T. hochgiftig, nachfolgend finden Sie nur eine Auswahl.
Bitte konsultierend Sie umgehend Ihren Tierarzt, wenn Sie eine Aufnahme dieser Pflanzen befürchten:

- Eibe (Taxus baccata)
- Oleander (Nerium oleander)
- Rhododendron
- Fingerhut (Digitalis purpurea)
- Gemeiner Seidelblast (Daphne mezereum)

Rassespezifische Krankheiten

Wie viele Hunderassen, so gibt es auch beim Schäferhund rassespezifische Krankheiten, über die Sie informiert sein sollten.

Die bekannteste Erkrankung des Deutschen Schäferhundes, die auch immer wieder mit ihm in Verbindung gebracht wird, ist die Hüftdysplasie (HD). Diese Erkrankung ist erstmals bei einem deutschen Schäferhund festgestellt worden.

Als weitere Erkrankungen kommen vereinzelt Allergien sowie Ellbogendysplasie (ED) vor. Darüber hinaus kann auch das Kongenitale Vestibularsyndrom, eine Erbkrankheit des Innenohrs mit Gleichgewichtsstörungen und unter Umständen Taubheit, auftreten, sowie Pankreasinsuffizienz, Schäferhundpyodermie, Schäferhundkeratitis, degenerativer lumbosakraler Stenose und Herzvergrößerungen.

Um Erbkrankheiten wie Hüft- und Ellbogendysplasie zu verhindern, wurde im SV der Hüftdysplasie-Zuchtwert eingeführt. Dieser Zuchtwert eines Hundes gibt Aufschluss darüber, inwieweit er die Neigung zur Hüftdysplasie vererbt. In diesen Wert mit einbezogen werden die Werte der Großeltern, Eltern, Geschwister und Nachkommen des Zuchthundes. 100 ist hierbei der Durchschnittswert der Rasse. Die Werte der Hunde, die verpaart werden, dürfen zusammen nicht die 200 überschreiten. Meist werden niedrigere Werte angestrebt um den Gesamtdurchschnitt der Rasse zu senken.[19] Um Ellbogendysplasie zu vermeiden, dürfen nur Hunde bis zum Ellbogendysplasie-Grad I zur Zucht eingesetzt werden.

Klarer Fall: wann immer Ihr Hund Anzeichen für eine Erkrankung zeigt, führt Ihr Weg mit ihm zum Tierarzt.

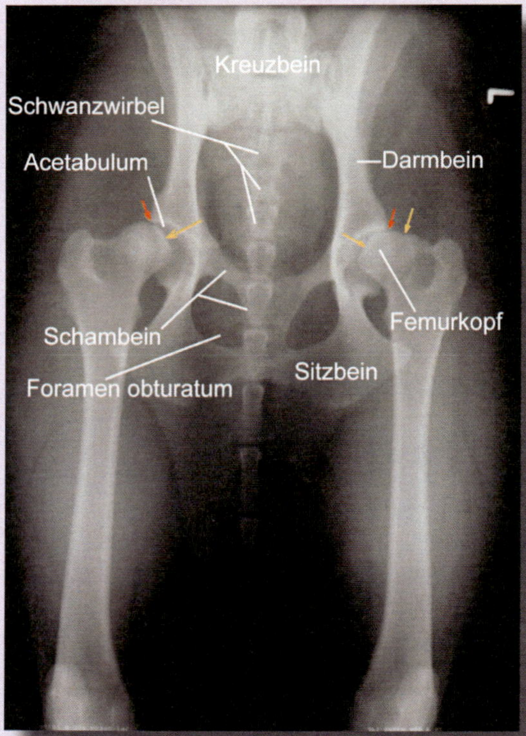

Röntgenaufnahme einer HD beim Hund. Der Femurkopf ist bereits subluxiert, das Acetabulum (Hüftgelenkspfanne) umgreift ihn nicht mehr (rote Pfeile). Die Femurköpfe zeigen Abweichungen von der Halbkugelform (gelbe Pfeile); rechts im Bild sind deutliche arthrotische Veränderungen des Femurkopfes erkennbar.

Gesunde Hunde

Die beste Garantie, einen gesunden Hund zu bekommen, ist der Kauf beim Züchter. Die verantwortungsvollen Züchter im VDH lieben ihre Hunde und tun alles dafür, nur wirklich gesunde Tiere zu verpaaren und auch nur kerngesunde Welpen abzugeben.

Die Hunde leben in der Familie und haben zu jeder Zeit einen idealen Sozialkontakt, sie werden regelmäßig und gründlich untersucht und fachgerecht geprägt und sozialisiert.

Natürlich kann auch ein solches Tier einmal erkranken, die Wahrscheinlichkeit dafür ist aber weit geringer als bei einem Hund, dessen Herkunft ungewiss ist oder den Sie evtl. sogar wissentlich bei einem unseriösen „Vermehrer“ kaufen.

Foto: Friedhelm Bark

Eine Hündin (Biggy) mit ihren dreieinhalb Wochen alten Welpen in der Zuchtstätte von Groß-Zünder. Diese Hunde sind kerngesund!

H

Wesen und Verwendung

Der Deutsche Schäferhund ist vom Wesensbild her ausgeglichen, nervenfest, selbstsicher, absolut unbefangen und (außerhalb einer Reizlage) gutartig, dazu aufmerksam und führig.

Er muss Triebverhalten, Belastbarkeit und Selbstsicherheit besitzen, um als Begleit-, Wach-, Schutz-, Dienst- und Hütehund geeignet zu sein.

Richtig geprägt und sozialisiert ist er darüber hinaus der perfekte Familienhund.

Foto: Ferdi van de Kruisweg

Hallöchen, und was bist du für eine Rasse?
Devil von Haus Pfalzerheide

Wesen

Laut FCI-Rassestandard muss der Deutsche Schäferhund „(...) vom Wesensbild her ausgeglichen, nervenfest, selbstsicher, absolut unbefangen und (außerhalb einer Reizlage) völlig gutartig sein, dazu aufmerksam und führig. Er muss Triebverhalten, Belastbarkeit und Selbstsicherheit besitzen, um als Begleit-, Wach-, Schutz-, Dienst- und Hütehund geeignet zu sein." Nervöse oder ängstliche Tiere entsprechen nicht dem Wesen des Schäferhundes und lassen auf eine schlechte Zucht und mangelnde Sozialisierung schließen.

Der Schäferhund ist lernwillig aber auch selbstbewusst und braucht eine fortdauernde konsequente Erziehung mit viel Geduld, positiver Verstärkung und Verständnis. Er verfügt über einen ausgeprägten Schutztrieb. Viel Auslauf und Beschäftigung sind für diese Hunde wichtig, Hundesport ist angebracht; eine geistige Beschäftigung, die über reine körperliche Auslastung hinaus geht, ist unabdingbar.
„Wächst ein Deutscher Schäferhund speziell mit anderen seiner Rasse auf (die entsprechend gut sozialisiert sind), so gehört er zu den Rassen, welche untereinander schnell eine soziale Rangordnung aufbauen und nur relativ wenig Aggressionen (ernsthaft als auch ritualisiert) zeigen und gut miteinander auskommen".

Verwendung

Der ursprüngliche Verwendungszweck des deutschen Schäferhundes war der eines Herdengebrauchshund. Er übte sowohl Hüte- als auch Schutzfunktion für den Schäfer aus.
Grade in seiner ursprünglichen Funktion wird der Schäferhund heutzutage kaum mehr eingesetzt. Stattdessen ist er vor allem als Diensthund bei Militär, Zoll und Polizei tätig und stellt rund 90 Prozent der Diensthunde weltweit. Doch auch als Rettungshund ist er in sämtlichen Hilfsorganisationen vertreten. Der SV unterhält zudem ein eigenes Rettungshundewesen, welches der Internationalen Rettungshunde Organisation (IRO) angeschlossen ist. Als Lawinensuchhund ist der Schäferhund vor allem in den bayrischen Alpen tätig und hat den Bernhardiner dank seiner Leichtigkeit beim Durchstöbern der Schneemassen schon vor langer Zeit verdrängt. Er wird ebenso erfolgreich als Blindenführhund eingesetzt. Weltweit bleibt er bis heute ungeschlagen die beliebteste Gebrauchshunderasse.

Im Privaten Bereich kann der Schäferhund in jeder Sportart eingesetzt werden und sollte keinesfalls auf den VPG-Sport begrenzt werden. Er eignet sich gleichermaßen für Obedience als auch für Agility. Aufgrund seiner hervorragenden Riechleistungen kann er erfolgreich bei der Fährtenarbeit oder Mantrailing geführt werden. Um Skeletterkrankungen wie Hüftdysplasie zu vermeiden und nicht zu begünstigen, sollte ein Schäferhund jedoch nicht vor seinem ersten Lebensjahr vor sportliche Herausforderungen wie Agility, Radfahren etc. gestellt werden. Ferner sollte ein qualifizierter Tierarzt anhand einer Röntgenuntersuchung seine Zustimmung erteilen.

Neben all dieser Einsatzbereiche kann er natürlich auch als reiner Familienhund verwendet werden. Jedoch sollte er in jedem Fall durch eine Aufgabe oder einer gemeinsamen sportlichen Betätigung beschäftigt werden.

Wohlfühl-ABC

A

Aggressivität
Hunde sind Rudeltiere. Aggressivität ist zur Klärung der Rangordnung ein wichtiges Werkzeug, um die Hundegesellschaft zu stabilisieren und das Rudel gegen äußere Gefahren zu schützen. Innerhalb des Rudels kommt es im Allgemeinen zu keinen ernsthaften Auseinandersetzungen. Ausnahmen können vor allem bei zwei Hündinnen auftreten, die nicht kastriert sind und den gleichen Rang beanspruchen oder Welpen haben. Fehlgeleitete Aggressivität entsteht vor allem aus dem Unverständnis des Menschen für die Verhaltensweisen des Hundes.

Alleinfuttermittel
Alleinfuttermittel sind solche Futtermittel, die bei alleinigem Einsatz den Energie- und Nährstoffbedarf des Hundes decken oder Fertigfuttermittel (vorgefertigte, ausgewogene und komplette Mischung von Futterbestandteilen). Für den jeweiligen Entwicklungsstand bzw. die besonderen Leistungsanforderungen des Hundes gibt es zudem eigens entwickelte Alleinfuttermittel, die den speziellen Bedarf für Erhaltung zuzüglich des Bedarfs für Leistung decken.

Antibiotika
Antibiotika sind Stoffe, die entweder künstlich hergestellt oder natürlich vorkommend (in Pilzen und Bakterien etc.) dazu verwendet werden, um abtötend oder wachstumshemmend auf bestimmte Mikroorganismen zu wirken. Als Bestandteil von Tabletten, Pasten, Säften oder Injektionslösungen werden sie häufig zur Heilung oder auch prophylaktisch vom Tierarzt eingesetzt. Die Einhaltung der vorgeschriebenen Dosierung und der Dauer der Verabreichung ist ausschlaggebend für den Erfolg der Behandlung.

Appetitlosigkeit
Was hilft das beste Futter oder der beste Rat, wenn der Hund das angebotene Futter nicht fressen mag? Wenn der Hund das angebotene Futter nicht frisst, bieten sie ihm eine andere Sorte an, aber bleiben sie bei der verwendeten Marke. In Verbindung mit Gewichtsabnahme, Durchfall, Erbrechen oder Aktivitätsverlust, sollten Sie sofort den Tierarzt aufsuchen. Appetitlosigkeit kann vielfältige Ursachen haben: psychische Probleme, Bewegungseinschränkungen, fehlerhafte Haltung, Krankheiten oder auch Überfütterung.

Augenentzündungen
Verschiedene Ursachen können bei Hunden zu Augenentzündungen führen. Das kann auf der einen Seite genetisch bedingt sein, aber auch Haltungsfehler oder typische Junghunderkrankungen können die Augen eines Welpen in Mitleidenschaft ziehen. Am häufigsten ist die Bindehautentzündung, verursacht durch Zug, Fremdkörper, fehlerhafte Lidstellung und vieles andere mehr. Starker Tränenfluss ist das auffälligste Symptom. Aber auch Veränderungen der Netzhaut oder der Linse kommen vor. Veränderungen am Auge des Hundes soll-

ten schnellstmöglich dem Tierarzt gezeigt werden.

B

Baden

Methode zur gründlichen Fell- und Hautreinigung. Der gesunde Welpe sollte im ersten halben Jahr nicht mit Shampoo gebadet werden. Eine gründliche Fellpflege ist aber natürlich unverzichtbar. Starke lokale Verschmutzungen sollten lauwarm abgerieben werden. Danach ausführlich trocknen. Beim erwachsenen und gesunden Hund reicht zweimaliges Baden pro Jahr. Bei der Fell- und Hautreinigung müssen Augen und Ohren besonders geschützt werden. Nach der Fell- und Hautreinigung sollte das Tier mehrere Stunden warm und zugfrei untergebracht werden.

Bellen

Das Bellen des Hundes kann sich sehr unterschiedlich anhören. Am Bellen des eigenen Tieres erkennt der Besitzer häufig, ob es vor Freude bellt oder einen „Angreifer" stellt. Auch Langeweile kann den Welpen zum Bellen verleiten. Wenn ein Hund ohne ersichtlichen Grund und sehr lang anhaltend bellt, bezeichnet man es als „Kläffen". Dies kann zu einer unzumutbaren Belastung der anderen Familienmitglieder oder der Nachbarn führen und sollte unterbunden werden.

Betteln

Kleine Welpen betteln am häufigsten ihre Elterntiere an. Dabei springen sie hoch und lecken die Maulwinkel, damit v.a. die Hündin Futter vorwürgt. Der neue Besitzer erlebt dieses Verhalten dann bei seinem Welpen als „Anspringen". Das Nachgeben gegenüber diesem Wunsch fördert neuerliches Betteln. Neben den Problemen, die durch Zwischenmahlzeiten auftreten können (zusätzliche Energieaufnahme), kann das Betteln zum ständigen Ärgernis werden. Er sollte vor allem nicht lernen, das Betteln am Tisch erfolgreich ist. Der Welpe wird deshalb schon früh an geregelte Mahlzeiten gewöhnt - Mahlzeiten, die stets am gleichen Ort (am besten im Napf) und zur gleichen Zeit zu erwarten sind.

Beriechen

Der Welpe nimmt durch Beriechen die besonderen Gerüche von Menschen, anderen Hunden bzw. Tieren, Duftmarken und anderen Dingen auf. Der Welpe lernt früh, die Welt in der er lebt, durch die Gerüche zu begreifen. Der Geruchssinn ist der dominante Sinn des Hundes. Hunde untereinander beriechen sich, um sich kennen zulernen. Läufige Hündinnen werden von Rüden über große Entfernungen wahrgenommen.

Bewegung

Hunde sind Lauftiere. Durch Bewegung ist der Erhalt der Gesundheit gewährleistet. Um an Nahrung zu gelangen muss der Hund sich bewegen. Dabei werden Muskeln mit Energie versorgt und die Durchblutung gesteigert. Die meisten Hunde sind eher Ausdauerläufer als Sprinter. Eine Stunde Spazieren gehen an der Leine ist nicht ausreichend. Hunde brauchen die Gelegenheit in geeignetem Gelände freizulaufen, mit Artgenossen zu spielen und zu toben und ausgiebig schnuppern zu können. Nach Phasen der Bewegung benötigt das Tier ausführliche Ruhephasen.

Blähungen
Durch vermehrte Gasbildung im Magen-Darm-Kanal und/oder verminderten Abgang (Verstopfung o.ä.) von Gasen kann es zu Blähungen kommen. Die häufig starke Geruchsbildung ist durch fehlerhafte Verstoffwechselung von Futteranteilen verursacht. Bei dem Eindruck, dass sich beim Welpen eine Zunahme von Blähungen abzeichnet, sollte der tierärztliche Rat gesucht werden. Füttern Sie ein gut verdauliches Futter und wechseln sie nicht zu häufig die Sorte.

Blasenentzündung
Ursachen für eine Blasenentzündung können vielfältig sein. In den meisten Fällen ist eine Infektion mit Bakterien die Ursache. Sehr unterschiedliche Symptome weisen auf eine mögliche Blasenentzündung hin, darunter Lustlosigkeit, Harndrang, Schmerzen beim Wasser lassen, viel Trinken oder Fieber. Der Harn kann blutig aussehen oder auch trüb verändert sein. Bei den beschriebenen Veränderungen ist der Tierarztbesuch zwingend erforderlich.

C

Calcium
Der Mineralstoff Calcium (auch Kalzium) ist ein in Form zahlreicher Verbindungen auftretender Stoff in der belebten und unbelebten Natur. Calcium ist Hauptbestandteil des Knochengerüstes. 96 bis 98 % des im Körper vorkommenden Calciums liegt im Knochen vor. In Alleinfuttermitteln ist ausreichend Calcium für den Hund vorhanden, solange dieser gesund ist und man Futtermittel verwendet, die für den Entwicklungsstand des Tieres passend sind. Durch verschiedene Erkrankungen kann es zu einem Calcium-Mangel kommen, obwohl eigentlich genügend Calcium im Futter vorhanden ist.

Chemotherapie
Die Chemotherapie wird als einzige oder als begleitende Therapieform verschiedener meist infektiöser Erkrankungen angewandt. Chemische Substanzen werden durch Salben, Pasten, Tabletten, Injektionslösungen und anderen Zubereitungsformen dem Körper innerlich oder äußerlich zur Verfügung gestellt. Die Dauer der Chemotherapie sowie die Dosierung des Medikamentes sind ausschlaggebend für den Erfolg der Therapie.

D

Darmparasiten
Es gibt Parasiten, die ständige Darmbewohner beim Welpen sind. Sie verursachen keine Erkrankungen, solange sie in der richtigen Mischung und Anzahl auftreten. Unter den nicht gewünschten Darmparasiten sind vor allem Würmer zu nennen. Eine übermäßige Verwurmung ist beim Welpen nicht selten. Eine medikamentöse Entwurmung ist deshalb gerade im frühen Welpenhalter sehr wichtig. Manche Würmer sind vom Hund auf den Menschen übertragbar und die Verantwortung vor allem den Kindern gegenüber gebietet die Verwurmung beim Hund auszuschalten bzw. so niedrig wie möglich zu halten. Entwurmungsmittel sind heute leicht verträglich und auch meist bei jungen Welpen gut anzuwenden. Das geeignete Entwurmungsmittel kann der Tierarzt durch eine Kotuntersuchung noch

besser bestimmen. Neben Würmern gibt es weitere Darmparasiten, die krank machen können. Darunter fallen Giardien und andere Protozoen (= Einzeller).

Darmverschluss
Wenn der Darm teilweise oder ganz verlegt ist, so dass der Kot nicht weiter transportiert werden kann, dann spricht man von Darmverschluss. Ursachen für den Darmverschluss sind eine mechanische Verlegung des Darms, eine Verkrampfung der Darmmuskulatur oder eine Blutunterversorgung, eines bestimmten Darmabschnittes, so dass der Abschnitt stark geschädigt wird. Bei Kotabsatzbeschwerden gerade beim Welpen ist schnelles Handeln gefragt, und der Tierarzt sollte so schnell wie möglich aufgesucht werden.

Demodikose
Der Befall mit Haarbalgmilben bei Hunden ist ein häufiges Problem der südlichen, mediterranen Gegenden. Aber auch in Mitteleuropa ist eine Zunahme der Demodikose festzustellen. Die Demodex-Milbe sitzt in der Unterhaut an den Haarbälgen und die Erkrankung ist nur durch tiefe Hautgeschabsel zu diagnostizieren. Haarausfall an typischen Stellen („Brillenbildung") kann sich auf alle Areale des Körpers ausdehnen. Eine Behandlung der Demodikose ist schwierig.

Diätfuttermittel
Ein Futtermittel, das in seiner Zusammensetzung mehr oder weniger von den üblichen Futtermitteln abweicht, um den speziellen Anforderungen an das Futter bei bestimmten Erkrankungen Rechnung zu tragen, wird als Diätfuttermittel bezeichnet. Die Verwendung eines speziellen Diätfuttermittels kann alleinige Therapie sein oder die Unterstützung einer anders gearteten Therapie, z.B. Chemotherapie. Die Verfütterung eines Diätfuttermittels, abhängig von der zu therapierenden Erkrankung, kann zeitlich begrenzt oder unbegrenzt sein. Der Einsatz eines Diätfuttermittels wird nach Diagnose einer Erkrankung durch den Tierarzt empfohlen. Neben anderen Erkrankungen werden folgende Problemstellungen ausschließlich oder zum Teil durch Diäten therapiert:

- Nierenerkrankungen
- Lebererkrankungen
- Adipositas (Fettleibigkeit)
- Herzerkrankungen
- Zuckerkrankheit (Diabetes mellitus)
- Durchfallerkrankungen

Diäten sind beim Tierarzt erhältlich. Eine Erfolgskontrolle ist notwendig.

Durchfall
Unter Durchfall versteht man dünnbreiigen bis wässrigen Kot mit oder ohne Beimengungen von Schleim und Blut. Häufig wird dieser Kot im Strahl abgesetzt und führt zu schnellem Flüssigkeitsverlust sowie Verklebungen in der Analgegend. Verschiedene Ursachen sind möglich: Infektionskrankheiten, Allergien, Intoleranzen, Störungen der Darmmotorik u.v.a. mehr.

Beim Welpen ist der Durchfall ein äußerst ernst zu nehmendes Symptom, da durch den schnellen Flüssigkeitsverlust des Tieres Organschäden bis hin zur Todesfolge auftreten können. Ursachen beim Welpen sind vor allem Infektionskrankheiten, Verwurmung und Fütterungsfehler. Eine tierärztliche Behandlung ist unbedingt erforderlich.

Durst
Der Welpe muss jederzeit in der Lage sein, frisches Wasser in ausreichender Menge aufzunehmen. Der Durst regelt die Flüssigkeitsmenge, die der Welpe aufnehmen muss. Bei sommerlichen Temperaturen, großer Anstrengung, psychischer Belastung, aber auch durch Verfütterung von Trockenfutter ist die Aufnahme von Wasser gesteigert. Die übermäßige Aufnahme von Wasser („Polydipsie") ist ein Symptom vieler Erkrankungen. Der Welpenbesitzer sollte sich ein Bild davon machen, wie viel Flüssigkeit sein Hund unter normalen Bedingungen aufnimmt, um dann eine übermäßige Flüssigkeitsaufnahme feststellen zu können.

E

Eiweiß
Ohne Eiweiße ist ein Leben auf unserer Erde undenkbar. Aus bis zu 20 Aminosäuren (neue Erkenntnisse sprechen von 21) aufgebaut, dienen Eiweiße zur Unterhaltung unserer Lebensfunktionen und sind unverzichtbar beim Wachstum des Körpers. Pflanzliche und tierische Eiweiße unterscheiden sich durch die Zusammenstellung der Aminosäuren. Es gibt essentielle Aminosäuren, die der Hund selber nicht aufbauen kann. Insbesondere zum Aufbau des Immunsystems benötigt der Welpe ausreichend leichtverdauliche und hochwertige Eiweiße. Spezielle Welpenfuttermittel tragen dem Rechnung.

Eiweißmangel führt zu verschiedensten Krankheiten. Symptome können u.a. sein: stumpfes Fell, Hautschäden, Teilnahmslosigkeit und zuwenig Eiweiß im Blut. Beim Welpen ist z.B. der Gelenkknorpel dünner als normal. Mit einer ausreichenden Menge an hochwertigen und leichtverdaulichen Eiweißen kann der junge Organismus sich gut entwickeln.

Energiebedarf
Der Hund benötigt Energie, um den Körper zu unterhalten und spezielle Leistungen zu erbringen. Das ist beim Welpen vor allem das Wachstum. Ein Welpe benötigt relativ mehr Energie, um daraus ein gesundes Hundeleben zu gestalten, als ein erwachsenes Tier. Die Energie bezieht der Hund aus Fett, Eiweiß und Kohlenhydraten. Der Energiebedarf ist von Individuum zu Individuum sehr unterschiedlich. Somit sind die Fütterungsmengen, die auf den Packungen ausgelobt sind, auch nur als Leitlinien zu sehen, es sind Näherungswerte. Genaue Berechnungen zum Energiebedarf des Einzeltieres sind ausschließlich in Kenntnis der spezifischen Situation möglich.

Entwöhnung
In den ersten Wochen des Lebens ist ein Welpe abhängig von der Muttermilch. Vor allem in den ersten Stunden versorgt die Muttermilch ihn mit nötigen Abwehrstoffen, die der Welpe anders als die Menschenbabies, nicht schon bei der Geburt mitbringt. Welpen benötigen bei einer gesunden und gut ernährten Mutter nichts anderes als die Muttermilch. Manchmal hat die Mutter nicht genügend Milch. In so einer Situation, sollten die Welpen mit spezieller Aufzuchtshundemilch zusätzlich versorgt werden. Diese Milch kann man beim Tierarzt erwerben. Kuh- bzw. Ziegenmilch haben unterschiedliche Nährstoffprofile und sind nicht zu empfehlen. Ab der dritten bzw. der vier-

ten Lebenswoche haben Welpen mehr und mehr Interesse an ihrer Umwelt, so auch am Futter der Mutter. Die erste Nahrung neben der Muttermilch sollte weich und ein typisches Welpenfutter sein. Übrigens ist dieses Futter für die milchgebende Mutter ausgezeichnet. Nach und nach wird mehr vom Welpenfutter aufgenommen bis zur vollständigen Entwöhnung.

Entwurmung

Verschiedene Würmer belasten den Welpenkörper. Eine Entwurmung ist in regelmäßigen Abständen nötig. Durch eine Verwurmung wird der Welpenkörper enorm belastet. Durchfall und später Organschäden können die Folge sein.

Durch eine Kotuntersuchung kann der behandelnde Tierarzt das richtige Produkt auswählen um die Würmer aus dem Körper zu eliminieren. Die Wiederholung der Behandlung ist nötig und die Häufigkeit abhängig vom Produkt und von der Art der Würmer. Bei der Übernahme des Welpen sollte der Züchter oder Welpenverkäufer gefragt werden, welche Entwurmungsmittel benutzt wurden.

Neben der direkten Wurmbehandlung sind auch Behandlungen gegen andere Parasiten, z.B. Flöhe, nötig, um eine erneute Ansteckung zu verhindern.

Entzündung

Die Entzündung ist die Reaktion eines lebenden Organismus auf einen meist von außen einwirkenden Reiz. Durch die Entzündung versucht der Organismus den Reiz (Keime, Fremdkörper etc.) zu eliminieren. Die Hauptsymptome einer Entzündung sind Rötung („Rubor"), Schwellung („Tumor"), erhöhte Wärme („Kalor"), Schmerz („Dolor") und eine gestörte Funktion („Functio laesa").

Auf der einen Seite ist die Entzündung ein hilfreiches Werkzeug zur Bekämpfung von „Eindringlingen", auf der anderen Seite kann die Entzündung selbst ein Problem werden und muss durch Medikamente gezügelt bzw. verhindert werden.

Erbrechen

Die Ausschüttung des Mageninhaltes über Mund und Nase (oft an Übelkeit gekoppelt) wird als Erbrechen bezeichnet. Gründe für ein Erbrechen sind vielfältiger Natur, sorgen aber alle für die Kontraktion des Magens und des Zwerchfells. Die auslösenden Reize kommen vom Brechzentrum im Gehirn, vom Magen oder anderen Organen. Das wiederholte Erbrechen ist nicht normal und sollte vom Tierarzt untersucht werden.

Hunde erbrechen manchmal Futter und fressen es dann in Ruhe auf, ein Relikt aus der Zeit, als soviel wie möglich vom Beutetier gefressen werden musste, um genügend „abzukriegen". Vorwürgen von Futter für die Welpen sieht man auch bei Zuchthündinnen.

Ergänzungsfuttermittel

Ein Ergänzungsfuttermittel ist ein Futtermittel, das dazu geeignet ist, als Zusatz zum Alleinfuttermittel eingesetzt zu werden. Die ausschließliche Ernährung mit Ergänzungsfuttermitteln führt unausweichlich zu einer Unter- oder Fehlversorgung des Hundes. Bei dem Erwerb des Futtermittels sollte der Welpenhalter zunächst klären, um welche Art Futter es sich handelt und in welcher Form es geeignet ist, den Welpen zu ernähren.

Extraktion
Die Extraktion (das Ziehen) von Milchzähnen ist unter Umständen nötig, um dem nachschiebenden Ersatzzahn Platz zu geben. So genannte „persistierende Milchzähne" sind ein zunehmendes Problem verschiedener Rassen, kommen aber ebenso bei Mischlingswelpen vor.

F

Fellpflege
Zu Ihren wichtigsten Utensilien als neuer Hundebesitzer, vor allem eines langhaarigen Hundes, gehören Kamm und Bürste. Schon früh kann man mit der Fellpflege beginnen. Dann gewöhnt sich der Hund schnell an diese, je nach Felllänge, nötige Prozedur. Wenn das Fell erst verfilzt und verklettet ist, kann das Bürsten unangenehm werden. Beginnt man frühzeitig, kann es eine sehr angenehme Angelegenheit für den Hund sein. Wie nebenbei lernt der Welpe, dass Sie ihn auch an Pfoten, Bauch und anderen „kitzeligen Stellen" anfassen dürfen.

Fertignahrung
Um die richtige Versorgung Ihres Welpen mit allen Vitaminen, Nähr- und Mineralstoffen zu gewährleisten, verwenden Sie am besten Marken-Fertignahrung. Sie enthält alles, was Ihr Hund für seine Entwicklung und sein späteres Leben braucht. Im Wachstum ist es nämlich wichtig, dass das Kalzium-Phosphor-Verhältnis streng kontrolliert ist. Dabei sollte der Kalziumgehalt 50% höher sein als der des Phosphors. Ein deutliches Verhältnis zugunsten des Kalziums, denn im Wachstum härtet es das Skelett aus. Ihrem Welpen sollten Sie immer einen Napf mit frischem Wasser hinstellen. Das ist besonders wichtig, wenn sie ihm Trockenfutter geben, da der Welpe den Wasserbedarf über Trockenfutter nicht ausgleichen kann. Feuchtnahrung in Schale, Dose oder Beutel enthält ca. 80% Feuchtigkeit so dass ein Großteil des Wasserbedarfs über das Futter gedeckt wird.

Fett/Fettsäuren
Fett dient als wesentliche Energiequelle. Es liefert das Gros der Kalorien. Fett kann tierischen oder pflanzlichen Ursprungs sein: Es ist zum Beispiel in fettem Fleisch und in Ölen enthalten. Grundsätzlich kann der Bedarf auch über einfache, weniger hochwertige Fette gedeckt werden. Besser ist es aber, wenn das Fett hochwertig ist und besondere, so genannte essentielle Fettsäuren liefert, die der Hund in seinem Stoffwechsel nicht selber herstellen kann. Die Linolsäure ist so eine essentielle Fettsäure. Sie ist in hohem Maße in Sonnenblumenöl enthalten, das wir daher zur Unterstützung der Gesundheit von Haut und Fell des Hundes gezielt einsetzen. Fett in der Nahrung ist außerdem auch Voraussetzung dafür, dass der Körper die fettlöslichen Vitamine A, D, E und K aufnehmen kann.

Fieber
Fieber ist eine Reaktion warmblütiger Lebewesen auf Reize (entzündl. und nicht entzündl. Natur). Die Körpertemperatur steigt zeitweilig auf ein höheres Niveau. Ausgelöst wird Fieber durch so genannte pyrogene Substanzen, durch bestimmte Medikamente oder durch Schädigung des Regulationszentrums im Gehirn. Das Fieber ist eine natürliche Reaktion des Hundes. Beim Welpen kann sie jedoch besonders heftig ausfallen und sollte unbedingt kontrolliert werden.

Eine medikamentöse Behandlung kann nötig werden.

Flohbefall

Ungewöhnlicher Juckreiz kann auf Flohbefall hindeuten. Neben dem Juckreiz können Flöhe auch andere Schadwirkungen haben, wie z.B. Beeinträchtigung der Fellqualität, mangelnde Gewichtzunahme etc. Flöhe können auch andere Krankheiten übertragen. Eine Behandlung von Flöhen ist nicht zuletzt deshalb wichtig, weil auch wir Menschen betroffen sein können. Ein Flohbefall ist nicht ungewöhnlich. Der Tierarzt wird Ihnen in der Diagnose und Behandlung behilflich sein. Neben der Behandlung am Tier ist auch die Umgebung flohfrei zu halten (Liegeplätze/Auto etc.).

Fremdkörper

Fremdkörper können sehr viele verschiedene Materialien sein, die nicht dazu gedacht sind, durch den Welpen aufgenommen zu werden, und über die Haut, die Schleimhaut, die Speiseröhre, die Atemwege oder die Hornhaut des Auges aufgenommen werden. Beim Welpen sind dies vor allem Steine, Kerne, Knochen, Teile von Bällen und anderem ungeeignetem Spielzeug etc. Fremdkörper können sehr ernstzunehmende Erkrankungen im Maul, im Magen oder Darm, aber auch am Auge und anderen Körperstellen verursachen.

Futterverweigerung

Aus sehr unterschiedlichen Gründen kann der Welpe das angebotene Futter verweigern. Es kann physische Ursachen (Erkrankungen, Übermüdung etc.) haben, oder psychische z.B. Stress oder den Versuch den Hundehalter zu einem anderen Futterangebot zu bewegen. Ein besonders schmackhaftes Futter sollte aufgenommen werden. Bei Futterverweigerung und gleichzeitigem Aktivitätsverlust sollte der Tierarzt aufgesucht werden.

G

Gebiss

Die Zähne eines Hundes sind gleichzeitig Werkzeug und Waffe. Benutzt werden die Zähne zur Futteraufnahme und –zerkleinerung. Zur Fellpflege und im Spiel werden die Zähne geschickt eingesetzt. Der Hund hat das Gebiss eines Jägers. Die Fangzähne halten die Beute, die großen Backenzähne zerteilen sie, um Brocken zu bekommen, die der Hund auch schlucken kann. Die Schneidezähne können geschickt als Werkzeuge zur Bearbeitung von Beute oder Spielzeug genutzt werden. Die ersten Zähne des Milchzahngebisses sind nach ca. 3 bis 4 Wochen zu sehen. Der Zahnwechsel zum Ersatzgebiss, das sind die bleibenden Zähne, beginnt im Alter von 4½ bis ca. 6 Monaten. Dies ist abhängig von der Rasse und individuellen Unterschieden.

Eine regelmäßige Zahnkontrolle, auch schon beim Welpen, ist sinnvoll um etwaige Veränderungen, wie Zahnstein oder Verletzungen an den Zähnen frühzeitig zu erkennen. Ein schöner Nebeneffekt dieser Zahnkontrolle ist, dass Ihr Hund früh lernt, diese notwendigen Kontrollen zuzulassen. Auch die Gewöhnung an das Zähneputzen kann so früh wie möglich beginnen.

Gehirnerschütterung

Nach Unfällen kommt es nicht selten zu einer Gehirnerschütterung. Sie ist das Ergebnis einer traumatischen Einwirkung auf

Teile des Gehirns, die zu Schwellungen im Gehirn führt. Unterschiedliche Einschränkungen der Wahrnehmung sind die Folge. Von leichter Benommenheit bis zum Koma reicht das Spektrum der Symptome. Erbrechen ist in diesem Zusammenhang häufig. Veränderungen der Atmung, der Pupillenfunktion oder der Pulsqualität kommen häufig hinzu.

Genetik
Die Genetik, als Teil der Biologie, beschäftigt sich mit der Vererbung von Merkmalen und Eigenschaften beim Lebewesen. Mendel sowie Sutton und Boveri waren Wegbereiter dieser Lehre im 19. und Anfang des 20. Jahrhunderts. In der Zucht von Hunden spielen Überlegungen der Genetik eine große Rolle. Erkrankungen beim Welpen sind nicht selten genetischen Ursprungs.

Geschlechtsreife
Wenn die Geschlechtsorgane eines Tieres komplett ausgebildet und funktionsfähig sind, spricht man von Erlangung der Geschlechtsreife. Die Geschlechtsreife ist nicht immer deckungsgleich mit der Zuchtreife. Der Zeitpunkt des Erlangens der Geschlechtsreife ist abhängig von vielen Faktoren. Meist ist es im Alter von 6 bis 10 Monaten so weit.

Gewicht
Wiegen Sie Ihren Welpen regelmäßig. Neben dem Gewicht gibt auch die Beurteilung bestimmter Körperstellen Aufschluss über den Ernährungszustand des Welpen. Der Hund sollte zwischen Rippen und Becken eine „kleine Taille" haben und die Rippen sollten tastbar sein, aber nicht herausragen. Oft erscheint ein agiler Welpe zu dünn, dass ist aber Ergebnis der großen Aktivität. Im Wachstum sollte der Welpe eher schlank sein.

Das „richtige" Gewicht ist von Individuum zu Individuum sehr unterschiedlich.

Die Glukose, auch Traubenzucker genannt, ist ein Einfachzucker und kommt in pflanzlichen und tierischen Geweben vor. Am Aufbau vieler Mehrfachzucker, wie z.B. Rohrzucker, Milchzucker, Malzzucker etc., ist die Glukose beteiligt. In einer bestimmten Menge ist Glukose im Blut vorhanden. Sie ist die „Energiewährung" im Körper des Welpen.

H

Hecheln
Der Hund hat nur an den Pfoten Schweißdrüsen. Eine Wärmeregulation kann ausschließlich auf diesem Weg nicht funktionieren. So ist das Hecheln, die Steigerung der Atemfrequenz, eine weitere Möglichkeit, die Eigenwärme herunterzufahren. Das Hecheln tritt auf bei großer Anstrengung, Aufregung, Fieber etc. Bei geöffnetem Fang und heraushängender Zunge kann überschüssige Wärme durch Verdunsten des Speichels aus dem Körper abgegeben werden.

Hernie (Lücke in der)
Die Hernie, oder auch Eingeweidebruch genannt, ist eine angeborene oder erworbene Bauchdecke. Durch dieses „Loch", auch Bruchpforte genannt, können Organe oder Organteile in den Bruchsack fallen, eine Ausstülpung umgeben von Bauchfell und zumeist Haut. Bei Welpen können Nabel-

brüche oder andere Bauchdeckenbrüche auftreten. Auch durch Unfälle kann es zu Hernien kommen, z.B. zu einer Zwerchfellshernie.

Hundesport
Für Hundehalter und Hund ist die Ausübung von Hundesport die Möglichkeit, naturverbunden zusammen mit dem „größten Freund des Menschen" die Freizeit zu gestalten. Verschiedene Hundesportarten, wie Agility, Hütewettbewerbe, Flyball und vieles andere mehr geben dem Hundehalter und dem Hund die Möglichkeit, sich entsprechend der Interessen aktiv miteinander zu beschäftigen. Aber gerade im Welpen- und Junghundalter ist auch besondere Vorsicht geboten, um den Hund nicht zu überlasten. Der Körper ist im Wachstum, und so sollte der Hundesport vor allem auch der Entwicklungsphase des Hundes angepasst sein. Für die Entwicklung des Hundes, insbesondere die soziale Entwicklung, ist der Kontakt mit anderen Hunden jedoch ausgesprochen förderlich.

I

Idealgewicht
Um den Ernährungszustandes eines Hundes zu beurteilen, wird häufig das Idealgewicht herangezogen. Diese Größe ist jedoch nur schwer in Kilogramm zu fassen, da das Idealgewicht abhängig ist von Alter, Entwicklungsstand, individuellen Unterschieden und anderem mehr. Welpen und Junghunde sollten aber auf keinen Fall übergewichtig sein. Folgende Messpunkte können herangezogen werden: 1. Die Rippen sollten tastbar sein; 2. Die Taille sollte bei Aufsicht von oben erkennbar aber nicht stark ausgeprägt sein. 3. Welpen und Junghunde haben keine ausgesprochenen Fettdepots am Körper, sondern wachsen meist zu schnell, was eine große Belastung für das Skelett ist. Ein Kriterium für die Gesundheit des Welpen oder Junghundes ist jedoch vor allem die Aktivität und Neugier, die unsere Hunde in diesem frühen Alter auszeichnen.

Impfung
Die Impfung ist die Verabreichung von Impfstoffen per Spritze, Schluckimpfung oder Inhalation. Durch die Impfung wird eine aktive Immunisierung (der Körper wird veranlasst selber Antikörper zu produzieren) oder eine passive Immunisierung (schon fertige Antikörper werden gespritzt) ausgelöst. Welpen werden mehrfach nacheinander geimpft, um einen ausreichenden Antikörpertiter (die Anzahl der Antikörper) zu erreichen und damit gegen Infektionskrankheiten geschützt zu sein. Geimpft wird gegen Tollwut, Parvovirose, Leptospirose, infektiöse Leberentzündung und andere Krankheiten. Impfungen zu geeigneten Zeitpunkten helfen dem Immunsystem des Welpen.

Inappetenz
Unter Inappetenz versteht man die Unlust, Futter aufzunehmen. Das völlige Fehlen der Futteraufnahme bezeichnet man als Anorexie. Inappetenz kann verursacht sein durch Fieber, verschiedene Erkrankungen, Futterüberangebot oder Stress. Bei Inappetenz des Welpen oder Junghundes ist es auf jeden Fall ratsam, den Tierarzt zu konsultieren.

Instinkt
Instinkte sind angeborene Verhaltenswei-

Foto: Hiltrud Hartmann

Bringübung mit Bringholz
Tyra von der Teufelsquelle

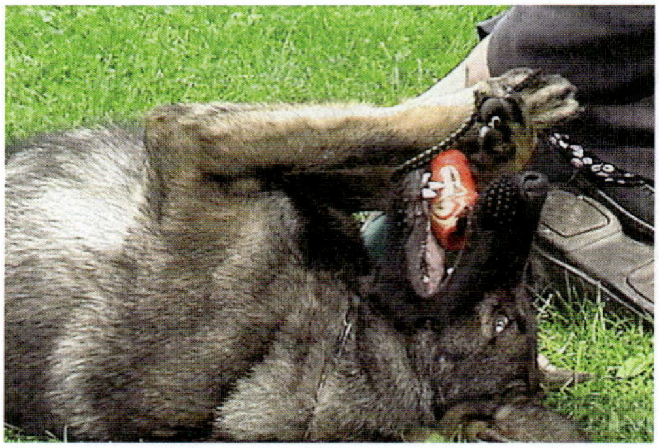

Foto: Susanne Wolff

Das Spielzeug in jeder Hinsicht fest im Griff
Wanda von der Schiffslache

Foto: Gill Kuljit Singh

Aman,Karan und Navpreet Gill mit
Quattro von der Partnachklamm

Foto: Karl-Heinz Lang

Ausbildung/Fußlaufen: Cayman von der
Brunnenklinge mit Angelika Köder

Foto: Sandra Kugler

Hero von den wilden Grauen liebt das
Wasser über alles.

Schöne Bilder

Foto: Petra Eulitz

Spielerisches Training
Ares vom Team Finkensteiner Forst

Foto: Bernd Freese

Wir nennen ihn auch „Schumi“
Welpe vom Zwinger Ickerbach

Foto: Horst Harmke

Ein bildschöner „Senior“
Jerry von der Fasanerie

Foto: Christel Van Ranst

Tom mit seinem Rüden
Herkules von der Koboldwiese

Foto: Bruno Stör

Wasko von der Falkenkanzel
mit Blumenkorb

sen, die immer auf die gleiche Art und Weise ablaufen. Ein Reiz oder auslösendes Signal (z.B. ein flüchtender Vogel) löst den instiktiven Ablauf des Jagdverhaltens (Hinterherlaufen und fangen) aus.

J

Jagdtrieb
Der Jagdtrieb ist ein dem Hund angeborener Trieb. Er dient dem Hund zum „Beute machen". Alle Dinge, die sich vom Hund schnell wegbewegen (Tiere und auch Gegenstände) werden verfolgt. So lässt sich der Jagdtrieb für das Spiel mit dem Ball und anderen Gegenständen nutzen.

Jaulen
Zwei unterschiedliche Lautäußerungen werden als Jaulen bezeichnet:

Das Jaulen als Heulen: ein alleingelassenes Tier (meist Jungtier) winselt und „weint". Dies sind meist schrille und lang gezogene Laute.
Das Jaulen als Schmerzäußerung: scharfes Aufjaulen bei auftretendem Schmerz. Dies sind meist kurze und intensive Laute.

Juckreiz
Das Hautjucken, auch Pruritus genannt, ist ein Symptom vieler Grunderkrankungen und keine Erkrankung selbst. Parasiten, Allergien, entzündliche Hauterkrankungen, Mangelernährung und andere Ursachen führen zu Juckreiz.
Infektionskrankheiten können sich auch mit starkem Juckreiz äußern (die Aujeszky´sche Krankheit übertragen durch rohes Schweinefleisch). Die Ursachen sind so vielfältig, dass der Tierarzt oft keine genauen Diagnosen stellen kann.

K

Kastration
Die operative Entfernung der Keimdrüsen wird als Kastration bezeichnet. Die Kastration wird durchgeführt, um entweder eine ungewollte Trächtigkeit im Vorfeld auszuschließen, unerwünschtes Sexualverhalten zu vermeiden oder um auf das Temperament des Tieres bzw. auf bestimmte Erkrankungen, (z.B. Diabetes mellitus der Hündin) Einfluss zu nehmen. Der Zeitpunkt der Kastration ist abhängig von der zu behandelnden Ursache. Jedoch gibt es auch unter Tierärzten unterschiedliche Meinungen, wann eine Kastration sinnvoll oder angeraten ist

Kohlenhydrate
Kohlenhydrate sind die bedeutendsten energiehaltigen Pflanzenbestandteile, die in der Nahrung für den Welpen oder den Junghund nutzbar gemacht werden können. Diese Nährstoffklasse besteht aus Kohlenstoff, Wasserstoff und Sauerstoff. Eingeteilt werden die Kohlenhydrate in Mono-, Di- und Polysaccharide. Das bekannteste Monosaccharid ist die Glukose oder der Traubenzucker, der in dieser Form im Blutkreislauf zirkuliert und so von den Zellen verwendet werden können (Energiegewinnung). Di- und Polysaccharide werden im Körper zu Monosacchariden umgebaut, um verstoffwechselt werden zu können. Viele Kohlenhydrate können nicht verarbeitet werden und werden unverändert wieder ausgeschieden (Rohfasern). Im Enddarm

können jedoch gewisse Rohfaseranteile indirekt durch bakterielle Aufspaltung genutzt werden

Kolostralmilch

Anders als beim Menschen hat der neugeborene Welpe von der Mutter keine Antikörper mitbekommen. Die notwendigen Antikörper bekommt der Welpe über die erste Milch, welche die Mutterhündin an den Welpen abgibt. Schon nach wenigen Stunden ist der Anteil der Antikörper in der Muttermilch stark gesunken und nach ein paar Tagen fast nicht mehr vorhanden. Die Kolostralmilch ist zähflüssiger und gelblicher als die Milch, welche die Mutterhündin nach einigen Tagen produziert. Für die gesunde Entwicklung des Welpen in den ersten Tagen und Wochen ist die Kolostralmilch eminent wichtig. Sie kann durch nichts 100%ig ersetzt werden. Bei zu wenig Milch oder dem gänzlichen Ausbleiben der Milch ist die Verwendung von Milchaustauschern für Hunde erforderlich.

Kupieren

Unter dem Kupieren ist das Stutzen der Ohren und des Schwanzes gemeint. In den meisten Ländern z.B. Deutschland ist das Kupieren per Tierschutzgesetz verboten. Ausnahmen werden nur aus medizinischen Gründen zugelassen. Bei bestimmten Rassen, die für die Jagd gehalten werden, ist das Kupieren gestattet, da sich in dichtem Gebüsch eine lange Rute verletzen könnte.

L

Lahmheit

Die Einschränkung der funktionsgerechten Benutzung einer oder mehrerer Gliedmaßen wird als Lahmheit bezeichnet. Eine Lahmheit wird verursacht durch Verletzungen, Infektionen oder ähnliches. Betroffen sind Gelenke, Sehnen oder Knochen. Auch Zubildungen, Verlegungen oder anders geartete Hindernisse können zur Lahmheit führen. Im Junghundalter sind Wachstumsstörungen, ausgelöst durch Fehlbelastungen oder Fehlernährung, häufig Ursachen für Lahmheiten. Die Schwere der Lahmheit wird in Stufen angegeben. Zwei Formen werden unterschieden: Hangbeinlahmheit (also der Moment, wenn die Gliedmaße vorgeführt wird) und Stützbeinlahmheit (also der Moment, in dem die Gliedmaße auffusst und das Gewicht trägt). Oft sind zur Ursachenklärung aufwendige Untersuchungen von Nöten.

Läufigkeit

Rüden sind ab einem gewissen Alter ständig paarungsbereit. Hündinnen hingegen nur zu bestimmten Zeiten. Sie sind dann „heiß" oder „läufig". Die Läufigkeit ist der Zeitraum in dem die Hündin diese Paarungsbereitschaft zeigt. Während der Läufigkeit verändert die Hündin ihr Verhalten. Läufigkeiten treten im Abstand von 5 bis 6 Monaten auf. Auch das Auftreten einer einzigen Läufigkeit pro Jahr ist nicht selten. Die erste Hitze oder Läufigkeit ist im Alter von 6 bis 8 Monaten zu erwarten. In Ausnahmefällen ist sie auch schon früher oder später festzustellen.

Linse

Die Linse im Auge ist eine transparente Struktur, die zwischen Iris und Netzhaut liegt. Die Gestalt der Linse ist abhängig von der „Arbeit" des sie umgebenden Muskels, des Musculus ciliaris. Er sorgt durch

Zusammenziehen dafür, dass die Linse ihre Form verändert und damit die Kurz- oder Fernsicht angepasst wird. Die Linse des ausgewachsenen Hundes ist nerven- und gefäßlos. Durch seine Elastizität kann die Linse auf unterschiedlichen Lichteinfall reagieren. Durch verschiedene Erkrankungen, z.B. grauen Star oder die Erhöhung des Augeninnendrucks, kann die Linse trüb werden, und die Sehkraft schränkt sich ein.

M

Magendrehung

Bei großen und tiefbrüstigen Hunden kann es bedingt durch anatomische Gründe, erblich bedingte Bindegewebsschwäche und/ oder fehlerhafte Haltung zur Verdrehung des Magens in der Bauchhöhle des Hundes kommen. Eine starke Aufgasung führt zur Dehnung des Magens, da durch die Verdrehung Mageneingang und Magenausgang abgedrückt sind. Der gedehnte Magen drückt auf das Zwerchfell und belastet den Kreislauf.

Eine Magendrehung kann bis zum Kreislaufversagen führen. Junge Hunde sind selten betroffen. Eine fehlerhafte Haltung, z.B. große Aktivitäten des Hundes nach der Fütterung, kann den Grundstein für die Möglichkeit einer Magendrehung beim erwachsenen Tier legen.

Maulkorb

Aus verschiedenen Materialien, z.B. Leder, Plastik oder Draht , bestehender kleiner Korb, der erfunden wurde, um den Hund am Beißen zu hindern. Heute ist das Tragen eines Maulkorbes bei einigen Hunderassen Pflicht. Um dem Hund nicht zu schaden, ist das bequeme Sitzen des Maulkorbes notwendig. Er darf nicht reiben oder drücken. Es empfiehlt sich, das Tragen eines Maulkorbes zu üben. Neben der Notwendigkeit des Tragens bedingt durch die Rasse gibt es noch andere Gründe, wie Vorschriften in Tollwutsperrbezirken oder öffentlichen Verkehrmitteln.

Meute

Eine Meute ist eine Gruppe von Hunden, die spezifisch für eine Aufgabe ausgebildet sind und zusammenleben. Meist im jagdlichen Umfeld gebrauchter Begriff. Eine Meute kommt zum Beispiel bei Fuchs- oder Treibjagdten zum Einsatz.

Mineralstoffe

Mineralstoffe sind anorganische Substanzen, die für den ordnungsgemäßen Ablauf der Prozesse im Körper des Welpen unumgänglich sind. Eingeteilt werden die Mineralstoffe in Mengenelemente und Spurenelemente. Mengenelemente kommen in größeren Mengen im Körper vor: z.B. Natrium, Kalium, Kalzium und Phosphor. Spurenelemente kommen nur selten vor. Es gibt jedoch eine ganze Reihe von ihnen. Sie sind z.T. elementar für den Ablauf von Körperfunktionen: z.B. Mangan, Jod und Selen.

Mineralstoffe sind für viele verschiedene Körperfunktionen wichtig und regeln z.B. Enzymaktivitäten, unterstützen den Knochenbau oder helfen bei der Muskelaktivität. Der relative bzw. absolute Überschuss oder Mangel kann zu verschiedenartigen Problemen im Ablauf unterschiedlichster Funktionen des Körpers führen.

N

Nährstoffe
Nährstoffe sind in Futtermitteln enthaltene Stoffgruppen, die zur Ernährung von Hunden notwendig sind. Zu den Nährstoffen gehören: Fette, Eiweiße, Kohlenhydrate, Vitamine, Mineralstoffe und Wasser. Bei diesen Stoffgruppen spricht man auch von essentiellen Nährstoffen.

Narkose
Nährstoffe sind in Futtermitteln enthaltene Stoffgruppen, die zur Ernährung von Hunden notwendig sind. Zu den Nährstoffen gehören: Fette, Eiweiße, Kohlenhydrate, Vitamine, Mineralstoffe und Wasser. Bei diesen Stoffgruppen spricht man auch von essentiellen Nährstoffen.

Normaltemperatur
Die Normaltemperatur beim erwachsenen Hund liegt bei 37,5 bis 38,0 Grad Celsius. Ein Welpe hat eine um ein halbes Grad höhere Normaltemperatur als der erwachsene Hund. Die Temperatur wird im After gemessen.

O

Ohrräude
Die Ohrmilbe „Otodectes“ verursacht eine Erkrankung des äußeren Gehörgangs: die Ohrräude. Vor allem betroffen sind langhaarige Hunde mit Hängeohren. Als Hauptsymptom entsteht Juckreiz. Möglicherweise sehen Sie bräunliche Auflagerungen im Ohr oder der Hund riecht unangenehm aus dem Ohr. Chronische Verlaufsformen der Ohrräude sind nicht selten. Oft sind langwierige Behandlungen notwendig.

P

Parvovirose
Die Parvovirose ist eine Infektionskrankheit, die v.a. junge Welpen betrifft. Die diese Krankheit verursachenden Parvoviren verändern ihre Gestalt schnell, so dass immer wieder neue Stämme auftreten. Der sicherste Schutz vor einer Parvovirose ist die Impfung. Beim Auftreten der Parvovirose kommt es zu typischem, sehr wässrigem Durchfall, der zu einer sehr schnellen Austrocknung führen kann, wenn nicht frühzeitig eine intensive Behandlung eingeleitet wird (Infusionen). Beim Auftreten einer Parvovirose sind besondere hygienische Maßnahmen unabdingbar.

Proteine
Ohne Proteine oder Eiweiße ist ein Leben auf unserer Erde undenkbar. Aus bis zu 20 Aminosäuren aufgebaut, dienen Proteine zur Unterhaltung unserer Lebensfunktionen und sind unverzichtbar beim Wachstum des Körpers. Pflanzliche und tierische Proteine unterscheiden sich durch die Zusammenstellung der Aminosäuren. Es gibt essentielle Aminosäuren, die der Hund selber nicht aufbauen kann. Insbesondere zum Aufbau des Immunsystems benötigt der Welpe ausreichend, leichtverdauliche und hochwertige Proteine. Spezielle Welpenfuttermittel tragen dem Rechnung.

Proteinmangel führt zu verschiedensten Krankheiten. Symptome können u.a. sein: stumpfes Fell, Hautschäden, Teilnahmslosigkeit und zu wenig Eiweiß im Blut. Beim Welpen ist z.B. der Gelenksknorpel dünner als normal. Mit einer ausreichenden Menge an hochwertigen und leicht verdaulichen Proteinen kann der junge Organismus sich gut entwickeln.

Q

Quarantäne

Unter Quarantäne versteht man die zeitlich begrenzte Isolierung von anderen Hunden, Tieren oder Menschen um eine mögliche Übertragung von Krankheitserregern zu verhindern. Die Dauer der Quarantäne ist abhängig von der Inkubationszeit der Erkrankung, vor der man schützen will. In einigen Ländern ist eine Quarantäne des Hundes vor Einfuhr grundsätzlich nötig. Informationen zu den speziellen Bestimmungen geben die Tierärzte oder die Veterinärämter.

R

Rangordnung

Die Rangordnung ist die soziale Hierarchie zwischen verschiedenen Hunden in einem Rudel. Das erste Tier im Rudel heißt Alphatier. Das letzte Tier in der Rangordnung wird als Omegatier bezeichnet. Die Rangordnung hilft übertriebene Aggressionen abzufangen und dient so dem Allgemeinwohl der Gruppe.

S

Sabbern

Ein stärkerer Speichelfluss als normal, bedingt durch anatomische Besonderheiten einzelner Tiere oder Rassen, wird als Sabbern bezeichnet. Ein plötzlich auftretendes Sabbern kann jedoch auch auf verschiedene pathologische Veränderungen im Maul des Hundes hinweisen z.B. eine Entzündung, Zahnprobleme oder einen Fremdkörper.

Schnüffeln

Der Hund orientiert sich unter Zuhilfenahme des Geruchssinnes durch Schnüffeln. Indem der Hund in kurzen Zeitabständen Luft durch die Nase einzieht und wieder ausstößt entsteht das typische Geräusch des Schnüffelns. Das Schnüffeln dient ausschließlich zur Orientierung und nicht der Atmung.

Snacks

Die artgerechte Ernährung des Welpen ist die Basis einer gesunden Entwicklung des Tieres. Für uns Menschen geeignete Süßigkeiten sind für den Hund nicht nur ungeeignet sondern oft auch schädlich. Zur Belohnung in der Erziehung sollten Snacks Verwendung finden, die für den Hund bzw. speziell für den Welpen hergestellt wurden. Diese Snacks sind Ergänzungsfuttermittel und haben auch einen gewissen Energiegehalt. Die Futtermittelration für den Hund sollte dementsprechend geändert werden.

Spielzeug

Im Fachhandel wird eine Unzahl von verschiedenen Spielzeugen für den Welpen angeboten. Ein Großteil dieser Spielzeuge ist wenig haltbar. Kleinteile dieser Spielzeuge können als Fremdkörper verschluckt werden und zu Problemen führen. Auf der anderen Seite sind Spielzeuge sehr hilfreich für die Erziehung und die Pflege, z.B. die Zahnpflege des jungen Hundes. Welche Spielzeuge besser und welche weniger geeignet sind, sagt Ihnen der Tierarzt.

T

Temperament
Umweltereignisse lösen individuelle Reaktionsformen aus. Dies wird als Temperament bezeichnet. Das Temperament äußert sich in Form der Reaktionsintensität und ist von Individuum zu Individuum und von Rasse zu Rasse zum Teil sehr unterschiedlich. Lebhaftigkeit, Vitalität, Reaktionsintensität unterscheidet den müden, temperamentlosen Zeitgenossen vom temperamentvollen, agilen Tier.

Tollwut
Die Tollwut ist eine Infektionskrankheit, die in jedem Fall tödlich verläuft und vom Tier auf das Tier bzw. vom Tier auf den Menschen übertragen werden kann. Übertragen wird die Tollwut häufig durch den Biss des tollwütigen Tieres Es handelt sich um eine Virusinfektion gegen die geimpft werden kann und sollte. Der Impfzeitpunkt beim Welpen bzw. Junghund ist abhängig von der Art der Haltung des Tieres. Neben den dramatischen Auswirkungen der Tollwut beim Hund ist die Tollwut beim Menschen eine der letzten tödlichen Seuchen. Aus diesem Grunde besonders sollte der Vorsorge größtes Augenmerk gewidmet werden. Impfstoffe sind heute unproblematisch und sicher. Ein jeder Hund sollte gegen Tollwut geimpft sein. Bitte sprechen Sie Ihren Tierarzt unbedingt auf dieses Thema an.

Trächtigkeit
Die Trächtigkeit ist die Zeit von der Befruchtung des Eis bis zur Geburt des Welpen. Die Dauer der Trächtigkeit beträgt zwischen 58 und 65 Tagen. Der Nachweis kann entweder röntgenologisch (ab ca. dem 48. Tag) oder per Ultraschall (schon vor dem 48. Tag) geführt werden.

U

Überfütterung
Die Überfütterung ist eine Art der Fehlernährung, die durch die übermäßige Gabe an sich lebensnotwendiger Nahrungsbestandteile (ein Zuviel an Energie) gekennzeichnet ist. Eine Überfütterung während des Wachstums führt zu einer beschleunigten Wachstumsrate und kann den Welpen oder den Junghund für eine Adipositas d.h. Fettleibigkeit im Erwachsenenalter „vorbereiten". Insbesondere bei großen Hunderassen kann eine Überfütterung zur Entstehung von Wachstumsstörungen (bestimmte Skeletterkrankungen) beitragen. Die Zugabe von Ergänzungsfuttermitteln oder Mineralstoffpräparaten zu einer ausgewogenen Kost ohne Indikation ist eine der häufigsten Formen der Überfütterung. Die Ergänzung eines Futtermittels für Welpen oder Junghunde ist nicht erforderlich. Wenn sie nicht vom behandelnden Tierarzt angeordnet ist, kann sie sogar schädlich sein.

Urinmarken
Rüden setzen ihre spezifischen Signale

häufig in Form von Urinmarken. Das Spritzen von Urin an bestimmte Stellen ist das individuelle Zeichen des Rüden an solchen Plätzen, an denen Hunde sich begegnen und zeigt an, welcher Rüde schon einmal da war. Diese Form des Markierens findet man auch bei Hündinnen, u.a. bei kastrierten Hündinnen.

V

Verband

Ein Verband dient dem Schutz einer Wunde, der Umhüllung einer Körperregion oder der Ruhigstellung. Als Verbandsmaterialien dienen: Binden, Zellstoff, Gaze, Watte und ähnliches. Zur Ruhigstellung werden auch Materialien wie Schienen oder Manschetten verwendet. Unter Verbänden sind Medikamente wie z.B. Salben auf einer Wunde geschützt und können länger einwirken.

Da der Hund den Verband häufig als Fremdkörper empfindet, muss der Besitzer durch geeignete Maßnahmen (z.B. einen Plastik-Kragen) verhindern, dass das Tier ihn zu entfernen versucht.

Verfilzung

Die Verfilzung ist die Verklebung von Haarbüscheln im Fell eines Hundes, bedingt durch mangelnde Fellpflege oder Erkrankungen. Bei starken Verfilzungen kann es unumgänglich sein, die betroffenen Areale zu scheren. Um Verfilzungen vorzubeugen ist eine regelmäßige Fellpflege mit Kamm und Bürste notwendig. Bei einigen Rassen gehört das verfilzte, aber dennoch gepflegte Haarkleid zum Rassenstandard (z.B. Puli/Kommondor).

Verstopfung

Die Anfüllung, Überladung und der Verschluss von Hohlorganen wird als Verstopfung bezeichnet. Meist benutzt man damit den Begriff Verstopfung, wenn der Kotabsatz behindert oder unterbunden wird. Ursachen hierfür können sein: fehlerhafte Ernährung (z.B. Knochenfütterung), Grunderkrankungen (z.B. Darmträgheit, Hernien = Aussackungen) und falsche Haltung (z.B. Bewegungsmangel). Bedingt durch die sehr verschiedenen Ursachen ist auch die Behandlung sehr variabel. Eine intensive Betreuung durch den Tierarzt ist jedoch zwingend erforderlich, da eine Verstopfung durchaus lebensbedrohliche Ausmaße annehmen kann.

Vitamine

Vitamine sind lebensnotwendige Stoffe, die dem Körper des Welpen über die Nahrung zugeführt werden müssen. Einige wenige Vitamine kann der Körper selber herstellen. Sie sind sowohl in pflanzlichen wie auch in tierischen Nahrungsmitteln enthalten. Vitamine dienen nicht als Energiequelle, sondern unterstützen die Vorgänge im Körper in Form von Enzymen oder Enzymvorstufen.
Es gibt zwei Gruppen von Vitaminen: fettlösliche Vitamine (Vitamin A, D, E und K) und wasserlösliche Vitamine (Vitamin-B-Komplex und Vitamin C und H). Überschüssige Vitamine werden entweder in der Leber gespeichert (fettlösliche Vitamine) oder einfach wieder ausgeschieden (z.B. Vitamin C). Auch Vitamine können bei deutlich zu großer Aufnahme zu Erkrankungen führen (z.B. Vitamin A). Mangelerscheinungen treten bei wasserlöslichen Vitaminen eher auf, da sie nicht gespeichert werden können.

W

Wachstum

Als Wachstum wird die Zunahme an Körpergröße und Körpermasse bezeichnet, die in den ersten Monaten des Hundelebens stattfindet. Die Geschwindigkeit des Wachstums ist abhängig von der Rasse, von der Fütterung und von individuellen Unterschieden. Im Allgemeinen kann man sagen, dass kleine Rassen wie z.B. der Dackel mit 9 bis 10 Monaten ausgewachsen sind. Es folgt danach noch die mentale Reifung und die Ausprägung der Proportionen. Riesenrassen hingegen (z.B. Irische Wolfshunde) wachsen über das zweite Lebensjahr hinaus. Das Wachstum sollte nicht durch zu energiereiche Fütterung unnötig gefördert werden, da Wachstumsstörungen auftreten können. Die Verabreichung von speziellen Futtermitteln (für Welpen, für Junghunde etc.) können dies verhindern - natürlich nur, wenn man sich an die Fütterungsempfehlungen hält.

Warze

Warzen sind kleine Wucherungen bestimmter Anteile der oberen Hautschicht. Sie sind meist gutartig und treten häufig erst im höheren Lebensalter auf. Durch Virusinfektionen können Warzen auch unabhängig vom Alter des Hundes entstehen, also auch im Welpen- oder Junghundalter. Warzen können meist vom Tierarzt erfolgreich behandelt werden. Eine Begutachtung der Warzen durch den Tierarzt sollte auf jeden Fall durchgeführt werden.

Wurmkur

Die Wurmkur (oder auch Entwurmung) sollte in regelmäßigen Abständen durch vom Tierarzt verschriebene Präparate durchgeführt werden. Die Dosierung und der zeitliche Ablauf der Wurmkur ist von Präparat zu Präparat unterschiedlich. Um den notwendigen Wirkstoff zu ermitteln wird der Tierarzt auch häufig eine Kotprobe verlangen, anhand der er die Art der Verwurmung feststellen kann.

Z

Zahnformel

Die Zahnformel beschreibt die Anzahl und Stellung der Zähne im Gebiss eines Welpen bzw. eines erwachsenen Hundes:

Der Junghund vor dem Zahnwechsel hat:
3 Schneidezähne pro Quadrant (linke bzw. rechte Hälfte des Ober- oder Unterkiefers), 1 Caninus (Fangzahn) pro Quadrant und 3 Prämolaren (vordere Backenzähne) pro Quadrant.

Der erwachsene Hund nach dem Zahnwechsel hat:
3 Schneidezähne pro Quadrant, 1 Caninus pro Quadrant, 4 Prämolaren pro Quadrant und zusätzlich 2 Molaren (hintere Backenzähne) pro Quadrant im Oberkiefer und 3 Molaren pro Quadrant im Unterkiefer.

Abweichungen von der Zahnformel können auftreten durch das Ausfallen von Zähnen, durch eine echte Zahnüberzahl oder eine echte Zahnunterzahl (beides häufig genetisch bedingt).

Zahnwechsel

Wenn die Milchzähne (Dentes decidui) durch die bleibenden Zähne vollständig ersetzt wurden, ist der Zahnwechsel abgeschlossen. Der Zeitpunkt zu dem der Zahnwechsel abgeschlossen wird, ist abhängig von der Rasse und von individuellen Unterschieden. Man kann jedoch sagen, dass bei grossen Hunden der Zahnwechsel früher abgeschlossen ist als bei kleinen Hunden. Bei Rassen wie dem Mops oder dem Yorkshire Terrier kann der Zahnwechsel deutlich über den sechsten Lebensmonat hinausgehen. Bei grossen Rassen, wie dem Deutschen Schäferhund oder der Dogge ist der Zahnwechsel nicht selten schon mit fünf Monaten abgeschlossen. Eine Verzögerung des Zahnwechsels kann auch durch das verhinderte Ausfallen von Milchzähnen auftreten. Man nennt dies das Persistieren von Milchzähnen. Milchzähne, die nicht von alleine herausfallen, müssen gezogen werden.

Zwinger
Der Zwinger ist ein auf die speziellen Bedürfnisse des Hundes abgestimmter Aufenthaltsraum für das Tier im Freien. Er besteht aus einem Freiauslauf und einer Hütte. Beides ist abgezäunt und schützt den Hund vor äußeren Gefahren. Auch das Ausbrechen des Hundes kann damit verhindert werden. Hunde, die im Zwinger gehalten werden, benötigen ganz besonders viel persönlichen Zuspruch und menschliche Nähe. Die Haltung eines Hundes ausschließlich im Zwinger, d.h. ohne Auslauf im Freien, ist abzulehnen. Artgerechte und gut ausgestattete Zwinger gibt es von diversen Anbietern. Wenn Sie einen Zwinger errichten wollen, wenden Sie sich am besten an einen der Rassezuchtvereine - dort kann man Ihnen praxisgerechte Auskunft geben und nennt Ihnen sicher auch gerne zuverlässige Hersteller.

Hausapotheke

Sie sollten immer parat haben, was nötig ist, um Krankheiten oder kleine Blessuren zu behandeln oder diesen vorzubeugen. Am besten sorgen Sie für eine kleine Hundeapotheke, die mindestens folgendes enthalten sollte:

- Fieberthermometer
- Pinzette (Spitzen abgerundet)
- Verbandsmaterial
- Verbandsschere (gebogen)
- Zeckenzange
- Plastikspritze (ohne Nadel), falls Sie mal etwas Medizin oder flüssige Nahrung einträufeln müssen
- Holzspatel zum Auftragen von Salben
- Elastische Mullbinden
- Mullkompressen
- Verbands-Klebeband
- Verbandswatte
- Papiertaschentücher
- Fusselfreie Tücher aus Zellstoff zum Säubern von Augen und Ohren
- Desinfektionsmittel für Wunden
- Wund- und Heilsalbe
- Vaseline
- Flohmittel zur Vorbeugung
- Entwurmungsmittel

Achten Sie bitte darauf Medikamente nach Ablauf des Verfalldatums zu entsorgen.

Ganz im WM Look
Sonja Spang mit Nice vom Waldwinkel
Foto: Ewelyne Spang

J

Unser Schäferhund wird alt

12, 14 oder auch mehr Jahre wird Ihr Schäferhund mit Ihnen verbringen. Eine lange Zeit, die er für Sie ein idealer Begleiter sein wird.

Auch im Alter werden Sie viel Freude an Ihrem Hund haben - es gibt natürlich einige Dinge zu berücksichtigen, wenn Ihr DSH in die Jahre kommt. Was genau, erfahren Sie hier.

Foto: Susanne Oppelt

Alte Schäferhunde und immer noch topfit
Buster von der schwarzen Natter, 12Jahre und Imke von der Abfuhr, 13Jahre

Umrechnungstabelle Hunde-/Menschenalter			
Hundealter	Riesenrassen über 45 kg	Mittlere Rassen 15 - 45 kg	Kleine Rassen bis 15 kg
0,5	8	10	15
1	14	18	20
1,5	18	21	24
2	22	27	28
3	31	33	32
4	40	39	36
5	49	45	40
6	58	51	44
7	67	57	48
8	76	63	52
9	85	69	56
10	94	75	60
11	100	80	64
12		85	68
13		90	72
14		95	76
15		100	80
16			84
17			88
18			92
19			96
20			100

Wie alt ist alt?

Früher berechnete man das Hundealter einfach mit Faktor sieben. Ein Hundealter von 3 Jahren würde demnach also etwa 21 Lebensjahre beim Menschen betragen. Allerdings berücksichtigte diese einfache Rechenformel nicht, dass Hunde verschiedener Rassen und insbesondere verschiedener Größen eine unterschiedliche Lebenserwartung und auch einen anderen Entwicklungsstand haben.

Impressionen im Schnee
Moonlight vom Haus Lohre

Die Berechnung des Lebensalters eines Hundes, gemessen am Menschenalter, wurde daher vor einigen Jahren neu erarbeitet, so dass es unterschiedliche Werte für die verschiedenen Rassen(größen) gibt. Pauschal kann man sagen, dass größere Rassen etwas langsamer erwachsen werden als kleinere und sie leben auch nicht so lange. Die Tabelle auf der nächsten Seite gibt Ihnen einen Überblick über die Entwicklung und auch über die ungefähre Lebenserwartung Ihres Hundes.

Bei Ihrem Schäferhund können Sie etwa mit einem Lebensalter von 12 bis 14 Jahren rechnen.

Die reale Lebenserwartung hängt aber von vielen weiteren Faktoren ab, so geht man etwa von folgenden Gegebenheiten aus:

- Hunde kleiner Rassen haben eine höhere Lebenserwartung als Hunde großer Rassen.
- Mischlinge werden älter als Rassehunde vergleichbarer Größe.
- Rüden und Hündinnen haben eine gleich hohe Lebenserwartung.
- Kastrierte Hunde leben im Durchschnitt ein Jahr länger als nicht kastrierte Tiere.
- Hunde, die in ländlichem Umfeld gehalten werden, haben eine höhere Lebenserwartung als Stadthunde.
- Schlanke Hunde leben länger als Hunde mit Übergewicht.

Sie sehen - wie alt Ihr Hund letztendlich wird, hängt sehr davon ab, wo und wie er lebt und auf welche Weise er ernährt wird. Wenn Ihr Schäferhund 7 Jahre alt ist, kann man ihn als Senior bezeichnen und etwa von da an gibt es einige Dinge zu berücksichtigen um dem alten Hund auch weiterhin ein gutes Leben zu gewährleisten.

Wie immer im Leben ist eine gute Vorsorge immer besser als das Reparieren dessen, was man versäumt hat. Deshalb achten Sie von Anfang an darauf das Ihr Hund gesund und fit bleibt. So legen Sie schon in frühen Jahren den Grundstein für ein langes und möglichst beschwerdefreies Leben im Alter. Früher wurde oft geraten, den Hunden möglichst frühzeitig und ununterbrochen alle möglichen Vitaminpräparate und Nahrungsergänzungsmittel zu füttern - inzwischen ist man da schlauer geworden und setzt einfach auf ein gutes, ausgewogenes Futter. Sparen Sie sich teure Pillen und investieren Sie dieses Geld besser von Anfang an in hochwertiges Futter für Ihren Liebling. Nur bei echten Mangelerscheinungen, auf die Ihr Tierarzt hinweist, sollten Sie mit Nährstoffpräparaten reagieren.

Ein regelmäßiger Tierarztbesuch trägt natürlich mit dazu bei, gesundheitliche Probleme Ihres Hundes zu erkennen und rechtzeitig darauf einzugehen. Mindestens einmal im Jahr sollten Sie also mit Ihrem Hund zum Doktor gehen. Dort werden Sie auch beraten, welche Schutzimpfungen nötig sind und wann diese ggf. aufgefrischt werden müssen. Auch hier gilt: Vorsorge ist besser als heilen. Hat Ihr Tier sich erst einmal eine der gefährlichen Infektionskrankheiten eingefangen, ist die Behandlung mitunter schwierig, langwierig und auf jeden Fall nicht billig.

Im Alter verändert sich Ihr DSH. Die Körpergröße nimmt ab und auch das Gewicht ändert sich. Die Organfunktionen lassen allmählich nach, was mal mehr mal weniger Folgen nach sich zieht. Mit Sicherheit wird das Fell Ihres Hundes ergrauen, es kann zu Gelenkschmerzen, Atemnot, Zahnproblemen, Muskelschwund und Probleme mit der Sehkraft kommen.

Es kann vorkommen, dass Ihr Schäferhund übel aus dem Mund riecht, seine Knochen werden spröde, Gefäße und Knorpel verkalken, er verliert seine Zähne. Ungern angesprochen - aber eben Fakt: es kann infolge von Schließmuskelbeeinträchtigungen auch schon einmal dazu kommen, dass Ihr Hund sich nicht erst im Freien löst.
Diese Punkte anzusprechen ist mir wichtig, denn auch und gerade im Alter benötigt und verdient Ihr Tier die Liebe und Zuwendung, die Sie ihm auch als Welpe oder Junghund entgegengebracht haben.

Die Ernährung im Alter

Die richtige Ernährung im Alter ist von besonderer Bedeutung. Der alte Hund benötigt weniger Energie (Fett), dafür unter Umständen Zusatzstoffe, die auf die Funktion seiner Organe einwirken. Inzwischen bieten alle Hersteller hochwertiger Futtermittel spezielles Futter an, welches auf die Bedürfnisse des älteren Hundes ausgerichtet ist.

Mitunter wird empfohlen, jede Woche einen Fastentag einzulegen. Ich halte davon nichts und auch die Wissenschaftler sind sich in dieser Frage keineswegs einig. Es gibt keinen vernünftigen Grund, Ihren Hund, ganz gleich in welchem Alter, hungern zu lassen (Ausnahme: während einer gesundheitlichen Störung, wenn der Arzt es verordnet).

Wenn Ihr Hund im Alter allerdings selbst ab und an einen Futter freien Tag einlegt, ist es nicht angeraten, ihn mit besonderen Leckerchen davon abzubringen. Auch ein Tier hat mal mehr, mal weniger Hunger und kann, solange es gesund ist, ganz gut selbst einschätzen ob es fressen sollte oder nicht.

Die Pflege im Alter

Natürlich pflegen Sie Ihren Hund gleich von dem Tag an, an dem er zu Ihnen gekommen ist. Und im Alter hören Sie damit nicht auf - im Gegenteil: der ältere Hund benötigt eine besonders intensive Pflege, da Nachlässigkeiten schnell zu gesundheitlichen Risiken führen können. Dazu gehören das regelmäßige, ausgiebige Bürsten, die Pflege von Augen und Ohren, des Pos und der Genitalien. Achten Sie vermehrt darauf, dass sich kein Zahnstein bildet - und falls doch, lassen Sie ihn vom Tierarzt entfernen.

Alt - aber aktiv

Es versteht sich von selbst, dass ein alter Hund mehr Ruhephasen benötigt als ein junges Tier. Geben Sie ihm die Zeit, die er benötigt, um sich auszuruhen und zu erholen, aber lassen Sie ihn nicht zum Faulpelz werden.
Ganz nach dem Motto: „Wer rastet, der rostet" sollten Sie auch in den späteren Jahren immer etwas mit Ihrem Hund unternehmen. Fordern Sie keine sportlichen Höchstleistungen, die der Hund ohnehin nicht erbringen wird, sorgen Sie aber für tägliche Spaziergänge und ausreichend Bewegung. Manche Hunde neigen dazu, selbst etwas lethargisch zu werden und sogar das tägliche Gassi gehen abzulehnen - lassen Sie sich nicht darauf ein. Erstens muss Ihr Hund sich natürlich regelmäßig lösen und zweitens braucht er Bewegung um möglichst lange gesund und körperlich fit zu bleiben.

Fitness für Geist und Körper

Im Alter nimmt der Bewegungsdrang vieler Hunde ab, was grundsätzlich kein Problem ist. Ein bisschen Muße und Ruhe kann man seinem Senior schon gönnen. Andererseits hält körperliche Aktivität ihren Hund auch fit und gesund. Animieren Sie Ihren Hund also ruhig, sich ausgiebig zu bewegen. Vermeiden Sie allerdings zu große Belastungen. Denn manch ein Senior macht auch schon mal gern größere Sprünge, als gesund für ihn ist. Wohltuend sind ausgiebige Spaziergänge, Schwimmen und langsames Laufen am Fahrrad, ungeeignet dagegen stürmische Ballspiele und Hürdenläufe auf dem Hundeplatz.

Extra-Tipp

Das Erlernen kleiner Kunststücke und spielerische Aktivitäten wie Versteck- und Suchspiele helfen den Geist ihres Hundes wach zu halten. Unterstützend werden spezielle Medikamente für ältere Hunde angeboten, die der Senilität entgegenwirken. Fragen Sie in der Tierarztpraxis danach.

Gelenkbeschwerden

Hat Ihr Hund erste Gelenkbeschwerden, so erleichtern ihm einfache Maßnahmen das Leben:

- Schützen Sie Ihren Senior vor Kälte, Nässe und Zugluft
- Bieten Sie ihm einen weichen, gepolsterten Ruheplatz
- Legen Sie Teppiche auf Kachel- und Holzböden.
- Ersparen Sie ihm – soweit möglich – das Steigen von Treppen
- Lassen Sie ihn langsam ins Auto einsteigen und geben Sie bei Bedarf Hilfestellung
- Reiben Sie Ihren Hund nach Spaziergängen bei nasskalten Wetter trocken ab.

Senior wird senil

Mit den Jahren verändern sich viele Hunde in ihrem Verhalten. Sie werden eigensinnig und wollen vermehrt ihre Ruhe haben. Sie sind weniger flexibel, jaulen und winseln manchmal ohne Grund und schlafen oft unruhig. Ob, wann und in welcher Form solche Verhaltensänderungen eintreten, ist von Hund zu Hund sehr unterschiedlich. Manche Hunde bleiben bis ins hohe Alter „geistig" topfit, andere entwickeln schon früh erste „Eigenarten". Die Ursachen dafür sind unter anderem körperliche Veränderungen wie:

- Allgemein verminderte Durchblutung, die zu einem Sauerstoffmangel im Gehirn führt.
- Verringerte körpereigene Produktion von Substanzen, die bei der Übertragung von Nervenimpulsen eine Rolle spielen.
- Ablagerung bestimmter Stoffwechselprodukte in Gehirn- und Nervengewebe.
- Altersbedingte Gewebeveränderungen im Gehirn und Rückenmark.

Der Abschied

Auch wenn Sie jetzt -natürlich- noch gar nicht daran denken wollen: irgendwann kommt der letzte Lebenstag auch Ihres Hundes. Wie auch bei uns Menschen, hat man meist nicht das Glück, einfach einzuschlafen und am nächsten Morgen nicht wieder aufzuwachen. Wenn Sie 12 oder mehr Jahre mit Ihrem DSH verbracht haben, kennen Sie ihn ganz genau und können sehr gut einschätzen, ob es ihm gut geht und sein Dasein nach wie vor lebenswert und von Würde geprägt ist. Solange das der Fall ist, sollten Sie keinesfalls darüber nachdenken, Ihr Tier einschläfern zu lassen, auch wenn es das eine oder andere Zipperlein zu beklagen gibt. Auch einen Menschen bringt man nicht um, nur weil er nicht mehr die volle Leistungskraft hat.

Sollte Ihr Hund allerdings massive, qualvolle Gesundheitsbeeinträchtigungen haben, ist es nicht falsch, sich mit dem Gedanken zu befassen, ihn von seinem Leiden zu erlösen. Auch wenn es die wohl schwerste Entscheidung ist, sollten Sie in diesem Moment vor allem an Ihren Liebling denken, der Ihnen so lange ein treuer Begleiter war. Er verdient es, seinen Lebensabend nicht in Qualen zu verbringen. Und haben Sie keine Angst: Ihr Tierarzt wird genau abwägen und Ihnen erklären können, ob ein solcher Schritt richtig ist oder nicht.
„Einschläfern" kann man übrigens wörtlich nehmen - die Spritze spürt Ihr alter Freund kaum und sein verdientes Ende findet er in Ruhe und Würde, indem er einfach einschläft.

Aber jetzt ist es ja noch lange nicht soweit, sich mit dem Abschied zu befassen. Ihr Schäferhund ist gerade erst eingezogen oder kommt erst in einigen Tagen oder Wochen zu Ihnen. Also legen Sie die wehmütigen Gedanken beiseite und freuen Sie sich auf viele Jahre einer innigen Freundschaft und echten Liebe, die Sie mit Ihrem Hund erwarten dürfen.

K

Erziehung leichtgemacht

Es ist nicht besonders schwierig, einen DSH zu erziehen, denn er ist ein besonders intelligenter und sehr lernwilliger Hund.
Trotzdem: verlangen Sie nicht zu viel und lassen Sie Ihrem Hund seine Kindheit. Oft werden zu früh zu schnelle Erfolge erwartet. Geduld ist hier das Maß aller Dinge!

Wenn Sie noch nie einen Hund ausgebildet haben, müssen Sie auf jeden Fall erst selbst die Schulbank drücken, um keine Fehler zu machen.

Foto: Manfred Kausler

Begleithundeprüfung („Fuss gehen")
Edeltraud Höchtl mit Ursus von der Wernburg

Eine Freundschaft entsteht

Der Tag, an dem Sie Ihren Welpen bekommen werden, ist für Sie natürlich ein Freudentag. Bestimmt haben Sie sich schon länger mit der Anschaffung befasst und sich auch darauf vorbereitet - z. B. mit diesem Buch. Bei aller Vorfreude übersieht man leicht, dass der Welpe diesen Tag ganz anders empfinden wird. Er wird aus seiner bisherigen Umgebung herausgerissen und er muss Abschied nehmen von seinem bekannten Zuhause, seinen Menschen und vor allem von seinen Geschwistern und der Mama. Für Ihren kleinen DSH ist dieser Tag der Start in ein völlig neues, unbekanntes Leben und es gibt für ihn vieles zu lernen. Wenn alles gut geht, ist es der Beginn einer langen Freundschaft zwischen Ihnen und dem Hund.

Was sollte Ihr Welpe alles lernen?

Die Natur macht es Ihnen prinzipiell recht leicht - denn Welpen lernen sehr schnell und nehmen alles Neue begierig auf. Ein junger Hund lernt in jedem Moment, den er wach ist. Daher ist es aber auch besonders wichtig, dass Ihr Schäferhund das richtige lernt und Sie sind dafür verantwortlich, ihn die richtigen Erfahrungen machen zu lassen.

Das neue Leben stellt hohe Erwartungen an Ihren Hund. Er muss:

- Mit "seiner" neuen Familie zusammenleben. Vielleicht besteht sie nur aus Ihnen, eventuell gehören aber auch andere Erwachsene, Kinder und sogar andere Haustiere dazu.
- Mit anderen Menschen zurechtkommen. Es kann sich um Bekannte oder auch absolut fremde Menschen handeln, die völlig unterschiedlich auf Ihren kleinen Vierbeiner eingehen. Insbesondere in der (Groß-) Stadt begegnet ein Hund praktisch täglich den unterschiedlichsten Menschen, auf die er korrekt reagieren sollte.
- Angemessen mit anderen Tieren umgehen. Dabei ist es ganz egal, ob er auf andere Haustiere in Ihrem Zuhause trifft oder z. B. Enten oder Schwänen im Park begegnet. Auch Katzen, Wild und landwirtschaftliche Nutztiere dürfen nicht zum Jagdobjekt werden.
- Mit anderen Hunden auskommen. Den richtigen Umgang mit seinen Artgenossen muss der junge Hund erst noch lernen, zumal diese ja ganz anders aussehen und sich auch anders verhalten als seine Mama und die Geschwister.
- Sich an seine Umwelt gewöhnen. Es ist wichtig, dass Ihr Schäferhund sich nicht vor Autos und dem Auto fahren, Treppen, Rolltreppen, Aufzügen, Straßenbahnen, Gewittern, schlagenden Türen, lauten Mitbewohnern, usw. fürchtet.
- Kommandos seiner Menschen verstehen und befolgen. Er muss auf seinen Namen hören und Aufforderungen wie "Komm", "Sitz" oder "Platz" nachkommen und natürlich ordentlich an der Leine gehen.

Vieles von dem, was der kleine Schäferhund in der nächsten Zeit lernen soll und muss, entspricht so gar nicht seiner Art. Er soll ruhig (evtl. über längere Zeit) zu Hause bleiben, stubenrein werden, nichts kaputt machen oder anknabbern und möglichst kaum mal bellen. Das ist schon ein enormes Programm für Ihren kleinen Liebling und er bedarf auf jeden Fall viel Unterstützung durch "seine" neuen Menschen.

Wie lernt der kleine DSH am besten?
Zur Verständigung mit Artgenossen verwenden Hunde alle Sinne und achten ganz besonders auf Körpersprache und den Gesichtsausdruck. Welpen sind perfekt darauf ausgerichtet, auch uns zu beobachten und sich an unserer Körpersprache zu orientieren. Der beste Weg, Ihrem Welpen eine Information zu geben, ist also Ihre Körpersprache und nicht etwa die Stimme - schon gar nicht lautes Schreien. Zeigen Sie Ihrem Hund also, was Sie wollen.

Man sieht oft, wie Menschen regelrecht versuchen Konversation mit ihren Hunden zu machen und dabei ausufernd lange Sätze formulieren. Bitte probieren Sie das nicht, Hunde haben kein Sprachzentrum, ihnen fehlt also gänzlich das Verständnis für Sprache. Kein Mensch erwartet, dass sein Hund anfängt zu sprechen - umgekehrt soll er aber lange "Aufsätze" verstehen - das geht nicht. Auf Sprachkommandos kann Ihr Hund am ehesten reagieren, wenn Sie kurze, eindeutige Worte verwenden, keine Sätze, und immer genau dasselbe Wort für dieselbe Handlung benutzen.

Zu Anfang ist das Lernpensum enorm groß, es ist also sinnvoll, möglichst früh damit anzufangen. Bitte achten Sie aber darauf, den Welpen nicht zu überfordern. Der kleine Kerl kann sich noch nicht so lange konzentrieren. Es ist besser, mehrmals täglich ein paar Minuten zu üben als einmal eine Stunde. Und wie bei uns Menschen auch: lernen soll Spaß machen und nicht in Arbeit ausarten.

Das Leben in der Familie
Natürlich ist Ihr kleiner DSH vom ersten Tag an ein Teil der Familie - seine natürlichen Verhaltensweisen erfordern es aber, dass er Ihnen nicht gleichberechtigt ist. Für ein harmonisches Zusammenleben müssen folgende Punkte für Ihren Hund an erster Stelle stehen:

- Mein Mensch ist für meinen Fortbestand und damit für mich das Wichtigste.
- Darum achte ich immer genau auf meine Menschen, auch außerhalb der Wohnung, wo es viele interessante Ablenkungen gibt.
- Körperpflegemaßnahmen sind wichtig und ich wehre mich nicht dagegen. Ich lasse mich überall gerne anfassen.
- Ich verletze meine Menschen nicht.

Diese Dinge sind extrem wichtig aber keinesfalls automatisch vorhanden. Solche Verhaltensweisen entwickeln sich aufgrund der Erfahrungen, die Ihr Welpe gemeinsam mit Ihnen macht und sammelt. Sie müssen korrektes Verhalten lehren und mit ihm üben. Bitte überlassen Sie die soziale Entwicklung Ihres Hundes nicht dem Zufall.

Die Rangordnung
Die so genannte "Rangordnung" ist gemeinhin als der wichtigste Faktor anerkannt wenn es um das Zusammenleben unter Wölfen, Hunden oder auch Menschen mit Hunden geht. Grundlage ist die Annahme, dass ein geordnetes Zusammenleben in einer Gruppe darauf basiert, dass der jeweils Stärkere seine eigenen Ansprüche am besten durchsetzen kann. Autorität und Führungsposition sind somit Resultate körperlicher Überlegenheit. Früher war man der Meinung, dass Hundehalter ihren Tieren "deutlich" zu zeigen haben, wer der

"Herr im Rudel" ist - dazu wurde sogar körperliche Gewalt angewendet.
Jüngere wissenschaftliche Beobachtungen bei Wölfen zeigen aber deutlich, dass eine funktionierende Rangordnung nicht darauf beruht, dass stärkere Tiere die anderen gewaltsam dazu zwingen sich unterzuordnen. Vielmehr basiert ein erfolgreiches soziales Miteinander auf dem frühzeitigen Erlernen bestimmter Regeln, die dazu dienen, den Umgang miteinander für alle Mitglieder der Gruppe zu vereinfachen. Eine "Hausordnung" ist quasi der Schlüssel zum Erfolg. Sie regelt ein entspanntes Miteinander, vorausgesetzt alle Gruppenmitglieder kennen sie auch.

Unseren Hunden ist die Fähigkeit angeboren, sich die Regeln für ein verträgliches Miteinander einzuprägen. Bereits ab der 3. Lebenswoche beginnen sie damit die Welt zu erkunden und den richtigen Umgang miteinander zu lernen.
Freilebende Wolfswelpen haben es da einfacher als Ihr kleiner Liebling - schließlich lernen sie alles Notwendige von ihren Artgenossen. Die Grundlagen für die Verständigung mit ihnen sind angeboren und die Kommunikation klappt von Beginn an. Bei der Beziehung Mensch - Hund ist das naturgegeben anders und so kommt es oft zu Missverständnissen. So erklärt sich auch, dass vielmehr Unfälle mit Bissverletzungen innerhalb der Familie oder mit bekannten Personen erfolgen als mit Fremden. Ihr Welpe und Sie müssen erst lernen, sich gegenseitig zu verstehen.
Leider ist das den meisten Menschen nicht bewusst. Zum Glück haben Hunde in der langen Geschichte ihrer Domestikation eine wichtige Gabe erworben: sie achten ganz genau auf ihre Menschen. Auch Ihr kleiner Schäferhund ist daher zunächst sehr gerne bereit, Sie und die Familie im Auge zu behalten und viel Neues zu lernen. Allerdings bleibt das nicht automatisch so. Sie sollten diese Neigung intensiv pflegen und fördern.

Regeln für das Zusammenleben
Machen Sie Ihrem Hund auf freundliche aber eindeutige Weise klar, wie wichtig sein Mensch (Sie!) für ihn ist. Gleich von Anfang an sollte ihm folgendes deutlich werden:

- Mein Mensch hat alles was ich zum Leben brauche (Futter, Wasser, Spielzeug, soziale Nähe)
- Ich bekomme diese Dinge nur, wenn ich mich angemessen verhalte.

Sie finden das grausam? Ganz und gar nicht! Auch von seiner Mutter bekommt er nur Milch, wenn er sich angemessen verhält. Weil beiden die richtigen Verhaltensweisen angeboren sind, funktionieren sie wie von selbst - es bedarf nur wenig Übung.
In der Beziehung Mensch - Hund ist das, wie bereits erwähnt, ganz anders. Es kommt oft zu Missverständnissen, Hund und Halter müssen eine Menge lernen.
Die nachstehenden Übungen dienen dazu, wichtige Spielregeln freundlich aber klar zu vermitteln.

Bindung
Es versteht sich von selbst das eine gute Bindung die beste Grundlage für ein harmonisches Miteinander ist. Und da "Liebe durch den Magen geht", können Sie zur Bindung an Ihren Hund ganz gezielt das Futter einsetzen. Füttern Sie Ihren Hund also häufig aus der Hand - dafür eignet sich Trockenfutter oder Leckerlis am besten.

Als Gegenleistung erwarten Sie nur eines von ihm: er sitzt ganz ruhig vor Ihnen, während er das Futter entgegennimmt (Sitz = Bitte).

Übung

Wenn Sie Ihren Welpen füttern wollen, behalten Sie die Schüssel zunächst in der Hand. Warten Sie, bis der kleine Schäferhund brav vor Ihnen sitzt und geben Sie ihm die ersten Happen mit der Hand während er sitzt. Erst danach stellen Sie die Schüssel auf den Boden.

Übung

Schlendern Sie einige Schritte durch die Wohnung, während Sie dabei Futter in der Hand halten. Zwischendurch bleiben Sie immer wieder einmal stehen, warten, bis Ihr Welpe schön sitzt und geben Sie ihm dann einen Bissen.

Der Name

Es ist ganz klar, dass Ihr Schäferhund möglichst bald auf seinen Namen hören soll. Das kann man sehr leicht trainieren, indem der Name jedes mal zuverlässig etwas Gutes für Ihren Kleinen ankündigt.

Übung

Sagen Sie den Namen

- und geben Sie sofort ein Futterstückchen
- immer mit vergnügter Stimme und einem freundlichem Gesicht
- wenn Ihr Welpe gerade sowieso zu Ihnen kommt
- wenn er Sie zufällig anschaut

Kommen

Sie sollten dafür sorgen, von Beginn an bereits im Haus verlässliche Grundlagen für später zu legen. Es ist wichtig, dass Ihr Hund auf Kommando kommt. Am besten benutzen Sie immer den selben Laut um Ihren jungen Schäferhund zum Essen zu rufen..Auch eine Pfeife erweist hier einen guten Dienst, da sie immer genau gleich klingt.

Übung

Ihr Hund steht vor Ihnen und wartet auf sein Futter. Pfeifen Sie und stellen Sie danach sofort seinen Napf auf den Boden. Verfahren Sie auf diese Weise eine Woche lang immer gleich, wenn Sie den Kleinen füttern. Legen Sie die Pfeife am besten in der Küche bereit, damit Sie sie zur Hand haben, wenn Sie sie benötigen. Nach einer Woche locken Sie Ihren Welpen mit der Pfeife in die Küche. Wenn er zu Ihnen kommt, geben Sie ihm sofort einen Bissen von seinem Futter. Die Übung können Sie auch anderswo machen oder nach Ihren Vorstellungen abändern - wichtig ist nur, dass er sofort einen Futterhappen bekommt, wenn Ihr Hund auf Kommando zu Ihnen kommt.

Übung

Pfeifen Sie draußen zunächst nur, wenn Sie sicher sind, dass Ihr Hund auch zu Ihnen kommt, z. B. wenn er gerade sowieso zu Ihnen hersieht. Geben Sie ihm gleich eine Belohnung, wenn er bei Ihnen ankommt. Zu Beginn sollte es wirklich eine tolle Belohnung sein, um den positiven Lerneffekt zu festigen. Allmählich können Sie die Anforderungen steigern - aber Vorsicht: pfeifen Sie nicht, wenn Ihr Hund sehr abgelenkt ist und wahrscheinlich nicht zu Ihnen kommt. Andernfalls prägt er sich ein: bei Pfiff nicht kommen!

Übungen draußen sollten immer erst in

Frage kommen, wenn sie zu Hause bereits perfekt klappen.

Anfassen lassen

Im Gegensatz zu Menschen oder z. B. auch vielen Affenarten, ist der Hund eigentlich nicht darauf eingestellt, sich anfassen zu lassen. Viele erwachsene Hunde lehnen es generell ab, sich überall berühren zu lassen. Während man einen Welpen vielleicht noch zwingen kann, sich das gefallen zu lassen, geht das bei einem erwachsenen Hund oft nicht mehr, empfehlenswert ist es auf keinen Fall. Besser ist, den Hund schon sehr früh daran zu gewöhnen, dass seine Ohren kontrolliert, die Pfoten angefasst, ins Maul geschaut und z. B. auch Fieber gemessen wird (im Po). Am besten verbinden Sie diese Dinge mit einer positiven Erfahrung, z. B. einem Leckerchen - so lernt der Hund sehr schnell, das angefasst werden sich lohnen kann.

Berührungen

Es ist ganz leicht eine Lernübung vorzubereiten. Stellen Sie eine Schale mit kleinen Futterstückchen bereit. Während Sie mit der einen Hand die unterschiedlichsten Körperregionen Ihres Hundes berühren und sie betrachten, füttern Sie mit der anderen Hand Häppchen für Häppchen, solange Ihr Hund sich das alles ruhig gefallen lässt. Bitte überfordern Sie ihn dabei nicht - wird er unruhig, ist`s genug für heute. Für diese, wie alle anderen Übungen auch, gilt übrigens: zwingen Sie weder sich noch den Hund zu irgendwelchen Lernübungen. Das alles soll Ihnen beiden Spaß machen!

Übung

Damit Ihr Hund sich ins Maul gucken und fassen lässt, legen Sie eine Hand sanft auf seine Schnauze während Sie mit der anderen Hand ein Leckerchen vor seine Nase halten. Öffnet der Welpe das Maul, legen Sie das Leckerli auf seine Zunge. Im nächsten Schritt können Sie dann die Nase mit sanftem (!) Zwang festhalten und das Futterstückchen weiter hinten auf die Zunge legen.

Sagen Sie außerdem jedes Mal, während das Maul geöffnet ist, freundlich dasselbe Kommando, z. B. "Auf".

Wiederholen Sie diese Übung immer wieder einmal - später wird Ihr Hund dann bereits beim Kommando "Auf" sein Maul öffnen und es bei Bedarf untersuchen lassen. Auch dann sollte er allerdings immer belohnt werden. Es ist wichtig, dass Ihr Hund lernt, dass eine menschliche Hand an der Schnauze immer (!) etwas angenehmes ist. Von einem Schnauzengriff als Zurechtweisung, wie er früher propagiert wurde, kann ich Ihnen daher nur abraten

Beißhemmung

Unter dem Begriff Beißhemmung versteht man ein Verhalten, bei dem Hunde mit Ihren Zähnen vorsichtig umgehen und keine Verletzungen verursachen. Die Beißhemmung ist allerdings nicht angeboren, sondern muss erlernt werden. Den Grundstein legt bereits die Mutterhündin, die dem Welpen einen korrekten Umgang mit ihr und seinen Geschwistern beibringt - diese Lernphase sollten Sie im eigenen Interesse fortführen. Sollte Ihr Welpe also im Spiel seine Zähne einsetzen, zeigen Sie ihm deutlich, dass dies nicht gewollt ist. Schreien Sie laut auf, stehen Sie auf und beenden Sie vorübergehend das Spiel. Der Kleine muss lernen: an grobem Spiel hat mein Mensch kein Interesse. Bitte verhalten Sie sich genauso, wenn Ihr Welpe z. B. in Kleidungsstücke oder in Ihre Möbel beißt. Auf diese Weise lernt er, mit Menschen und ihren Dingen immer (!) vorsichtig zu sein. Tun Sie das nicht, wird er sich merken: Haut: Zähne dürfen nicht ran, Kleidungsstücke: da darf ich fester zubeißen. Achten Sie darauf, bei diesen Übungen nie Ihre Hand weg zu ziehen - das reizt zum Nachbeißen. Und Ihre Kinder sollten solche Übungen nur unter Aufsicht ausführen - sonst wird es schnell zum Jagdspiel und der Lerneffekt kehrt sich um.

Das Erlernen der Beißhemmung bedeutet nicht, dass Ihr Schäferhund niemals in seinem Leben jemanden beißen wird. Es dient lediglich dazu, dass er seine Zähne vorsichtig einsetzt, wenn er mit Ihnen oder anderen Menschen zu tun hat. Bei handfesten Aus-einandersetzungen, z. B. mit Artgenossen, kann es trotzdem zu echten Bissen kommen. Bei einer so sanftmütigen Rasse wie Ihrem Schäferhund ist die Gefahr hierfür allerdings nicht besonders groß.

Hochspringen

Das Hochspringen von Hunden ist eine natürliche Gegebenheit. Junge Wölfe begrüßen ihre Mutter, in dem sie versuchen ihre Mundwinkel zu erreichen und zu lecken. Das veranlasst die Wölfin, mitgebrachtes Futter heraus zu würgen. Aus diesem Verhalten entwickelt sich ein Begrüßungsritual, das zeitlebens angewendet wird. Auch Hunde zeigen dieses Verhalten als freundlich gemeinte Begrüßung. Wenn also Ihr Welpe versucht, Ihre Mundwinkel zu erreichen, nützt es nichts zu schimpfen - das veranlasst Ihren Hund nur noch mehr, Ihre Mundwinkel erreichen zu wollen um Sie zu beschwichtigen. Ohne es zu wollen, trainieren Sie Ihren Hund auf diese Weise, an Ihnen hoch zu springen.

Was tun?

Springt Ihr Hund an Ihnen hoch, bleiben Sie einfach stehen, ohne irgendeine Reaktion zu zeigen. Reden Sie nicht mit ihm und schauen Sie ihn nicht an. Sobald er sich dann irgendwann zufällig hinsetzt, loben Sie ihn und belohnen Sie sein Verhalten am besten mit einem Leckerchen. Sollte er wieder aufstehen und an Ihnen hochspringen, erstarren Sie wieder zur leblosen Salzsäule, bis er wieder sitzt. Dann darf auch wieder ausgiebig gelobt werden. Neben Ihnen sollten auch alle anderen Familienmitglieder und auch Besucher sich so verhalten - bereits nach kurzer Zeit hat Ihr Welpe dann verstanden, wie leicht Sie zu erziehen sind. Er hat Ihnen beigebracht, ihn zu belohnen, sobald er sich hinsetzt.

Alleinsein

Hunde sind soziale Lebewesen und brauchen zum Überleben Sozialpartner, entweder Hunde oder Menschen. Das gilt in besonderem Maß natürlich für Welpen: Ein Welpe, der im Alter von 8 bis 12 Wochen allein gelassen wird, könnte allein nicht überleben. Alleinsein ist also lebensbedrohlich und löst Angstgefühle aus, die sich bis zur Todesangst steigern können.

Aus diesem Grund ist der Rat, den Welpen die ersten Nächte allein verbringen zu lassen, nicht empfehlenswert. Es trifft zwar zu, dass der Kleine irgendwann aufhört, zu schreien, weil er jede Hoffnung auf Rettung aufgegeben hat. Aber man kann sich leicht vorstellen, dass ein solches Angsterlebnis an keinem Lebewesen vorübergeht, ohne Spuren zu hinterlassen.

Es könnte der erste Schritt zu einer erst später im Leben auftretenden Trennungsangst sein.

Alleinbleiben muss in den folgenden Wochen erst langsam gelernt werden. Zu Beginn ist es erforderlich, dem jungen Lebewesen zunächst einmal das Gefühl zu geben, dass es gut aufgehoben ist. Dazu gehört die Erfahrung, dass Schutz, ganz besonders nachts im Dunkeln, in erreichbarer Nähe ist. Am besten richtet man eine Schlafstelle her, die sich dicht neben dem eigenen Bett befindet und die man mit dem Geruch der Mutter ausgestattet hat. Das geht, wenn man den Züchter bittet, ein Handtuch in die Wurfkiste zu legen, das man dann bei der Übernahme des Welpen mitnimmt. Mit diesem Handtuch in seinem Nest und Mutters Duft in der Nase schläft der Welpe dann beruhigt ein – und gewöhnt sich gleichzeitig an den Geruch seiner neuen Familie.

Nach ein paar Tagen kann dann das alte Handtuch ohne weiteres entfernt werden. Hunde müssen aber nun einmal ab und zu allein daheim bleiben. Lassen Sie daher Ihren Welpen schon von Anfang an für kurze Momente allein, am besten wenn er satt und müde ist oder an einem tollen Kauspielzeug knabbert. Verlassen Sie einfach ganz selbstverständlich das Zimmer, gehen Sie kurz ins Bad und schließen Sie die Tür. Dehnen Sie die Zeit nach und nach langsam aus. Auch der Müll muss weggebracht werden. Verabschieden Sie sich nicht großartig, und vermeiden Sie auch eine intensive Begrüßung beim Wiederkommen. Beides macht Ihr „Wegsein" für den Welpen nur auffälliger. Falls er an der Tür jammert, wenn Sie zurückkommen, war er überfordert. Verlangen sie also beim nächsten Mal weniger und halten sie den Zeitraum der Trennung kürzer. Sorgen sie außerdem dafür, dass er wirklich satt und müde oder mit etwas Interessantem beschäftigt ist.

Reagieren Sie bitte auf sein Jammern weder mit Trösten noch mit Schimpfen: Beides bessert das Verhalten nicht, sondern führt auf Dauer zu einer Verschlechterung. Es wäre auch nützlich, wenn Sie die Tür erst öffnen, wenn dahinter Ruhe herrscht, sonst lernt er, dass das Geschrei Sie herbeigerufen hat.

Lernerfolg: Schreien hilft – mehr Schreien hilft mehr...

Stubenreinheit

Schon in der ersten Nacht kann man den Grundstein dafür legen, dass der neue Hausgenosse schnell stubenrein wird. Sie können entweder warten, bis der Kleine unruhig wird oder sich aber den Wecker stellen und nach etwa drei Stunden Schlaf den Welpen wecken. Gehen Sie kurz mit ihm hinaus, damit er sein Geschäftchen machen kann. Dafür wird er ruhig gelobt. Gehen Sie ohne viel Aufheben wieder schlafen. Das Ganze wird nach drei oder vier Stunden wiederholt. Missgeschicke sollten möglichst vermieden werden. Jedes Mal, wenn ein Geschäftchen an der falschen Stelle gemacht wird, hat der Welpe sozusagen die Gelegenheit gehabt, ein nicht erwünschtes Verhalten zu üben und ist sogar dafür belohnt worden: Er hat sich hier an dieser Stelle erleichtern können – ein angenehmes Gefühl.

Wer nun daraus schließt, dass eine Strafe in diesem Augenblick dem Erlernen der Stubenreinheit dienen würde, täuscht sich leider. Durch Schimpfen, Mit-der-Nase-reinstupsen, Mit-einer-Zeitung-schlagen oder gar Am-Nackenfell-schütteln lernt der Welpe vor allem eins: Lass dich nicht dabei von Herrchen oder Frauchen erwischen, die werden da manchmal so unangenehm. Der

Welpe versucht dann, sein Geschäft unbeobachtet und heimlich zu erledigen. Das erschwert das weitere Training.

Wie geht es am besten?
Beobachten Sie Ihren neuen Hausgenossen gut. Meist zeigen Welpen durch suchendes Herumwandern, dass sie eine Stelle suchen, die sich für ihr Vorhaben eignet. Nehmen Sie den Kleinen dann schnell und sanft hoch und tragen Sie ihn dahin, wo er sich lösen soll. Bleiben Sie bei ihm, bis er fertig ist, und loben Sie ihn dann für sein Verhalten.

Wenn Sie jedes Mal, während er sich löst, ein bestimmtes Wort sagen, erfolgt eine Verbindung zwischen diesem Wort und dem gezeigten Verhalten. Wenn man das regelmäßig macht, dann wird später – nach vielen Wiederholungen – dieses Wort das gewünschte Verhalten zuverlässig auslösen. Geben Sie Ihrem Welpen zunächst häufig die Gelegenheit, sich zu lösen – nach dem Spielen, nach dem Fressen und nach einem Nickerchen.
Sie können das tagsüber auch von vornherein stündlich tun.
Übrigens: morgens bleibt erfahrungsgemäß keine Zeit für Sie um vorher zu duschen oder zu frühstücken – solange kann ein Welpe noch nicht warten.

Grundsätzliches

- Welpen werden schon früh auf den Untergrund geprägt, auf dem sie sich lösen. Es kann also sein, dass ein Welpe zunächst Schwierigkeiten hat, den Untergrund zu akzeptieren, der ihm in Ihrer Umgebung zur Verfügung steht, weil beim Züchter etwas anderes angeboten wurde.
- Welpen können Blase und Schließmuskel nicht von Anfang an zuverlässig kontrollieren.
- Welpen brauchen einen ruhigen, ungestörten Platz. Zuviele Umweltreize, ob angenehm oder beunruhigend, lenken in diesem Augenblick von der eigentlichen Aufgabe ab und sind daher ungünstig. Bei manchen Hunden gilt das auch für schlechtes Wetter oder Kälte.
- Wenn Sie Ihren Welpen nicht dauernd im Auge behalten können, dann sollten Sie auf andere Art dafür sorgen, dass er keine Fehler machen kann. So könnte man ihn z.B. daran gewöhnen, sich in Ruhezeiten gern in einem Laufstall oder einem Transportkorb aufzuhalten (Welpen sollten grundsätzlich einen Platz haben, an dem sie ungestört ruhen können).
- Haben Sie Geduld mit Ihrem Welpen. Glauben Sie bitte nicht, er mache irgendetwas falsch, um Sie zu ärgern. Alles muss geübt werden und braucht einfach seine Zeit, auch das Erlernen der Stubenreinheit.

Der Umgang mit Anderen
Damit ein Hund entspannt mit seiner ganzen Umwelt umgehen kann, muss er rechtzeitig gute Erfahrungen mit dieser Umwelt machen. Bei der Gewöhnung an Umweltreize wie Straßenbahn, Auto, Stadtlärm und Staubsauger, laute Geräusche und Müllabfuhr spricht man von Habituation.
Als Sozialisation bezeichnet man, wenn sich dieser Lernvorgang auf Lebewesen bezieht wie rennende und kreischende Kinder, große und kleine Menschen der unterschiedlichsten Hautfarbe, verschieden aussehende Hunde in allen Größen und Farben sowie

andere Tiere. Ein Welpe lernt dann, sich richtig zu verhalten, wenn er die richtigen Erfahrungen macht.
Der korrekte Umgang mit fremden Menschen, anderen Hunden und anderen Tieren wird durch den richtigen Umgang mit fremden Menschen, anderen Hunden und anderen Tieren erlernt. Das hört sich lächerlich an, oder? Genaugenommen ist es das aber nicht.
Wichtig: Es gibt keinen „Welpenschutz". Im Umgang mit anderen Hunden ist ein Welpe nur dann geschützt, wenn er die richtigen Verhaltensweisen zeigt. Das gilt aber nur, wenn der andere Hund gut sozialisiert ist.

Grundsätzlich ist also nicht irgendein Hundekontakt wichtig, sondern Kontakt mit sozial kompetenten Hunden, die keine Angst machen, sondern zeigen, wie es richtig geht. Ein Welpe soll nicht irgendwelche Menschen kennen lernen, sondern solche, an denen er erfährt, dass Menschen nicht gefährlich sind und Angst machen, sondern dass man ihnen vertrauen kann. Suchen Sie also Kontaktmöglichkeiten für Ihren Hund, in denen die Voraussetzungen für die wünschenswerten Erfahrungen gut sind.

Bei Menschen empfiehlt es sich, möglichst viele angenehme Kontakte herzustellen. Auch hier kann gut über Futter gearbeitet werden. Dazu kann man entweder den eigenen Welpen in der Anwesenheit von fremden Menschen selbst aus der Hand füttern, oder ihn von diesen Menschen füttern lassen. Diese Vorgehensweise widerstrebt aus verschiedenen Gründen vielen Menschen.
Es ist aber nicht schwer, einem Hund dann später beizubringen, dass er Futter nur mit Erlaubnis annehmen darf. Zuerst ist wichtig, dass ein Hund lernt: Die Annäherung unbekannter Menschen ist nicht gefährlich, sondern sogar angenehm.
Am besten wird das Nötige – insbesondere der Umgang mit anderen Hunden – in einer guten Welpengruppe unter sachkundiger Anleitung gelernt und geübt.

Woran erkennt man eine gute Welpengruppe?

- Ein Trainer ist für höchstens 6 Welpen zuständig.
- Die Welpen sind nicht älter als 16 Wochen.
- In einer Welpengruppe spielen die Welpen unter Aufsicht miteinander.
- Sie lernen den Umgang mit Artgenossen, sie lernen die belebte und unbelebte Umwelt in angenehmer Weise und ohne Stress kennen.
- Mobbing wird nicht zugelassen, da die betroffenen Welpen durch eine solche Erfahrung nichts Gutes lernen: der „Gemobbte" wird verunsichert, der „Mobber" übt unerwünschtes Verhalten. Wenn ein Welpe durch einen oder mehrere andere bedrängt und / oder gejagt wird, werden die Tiere getrennt. Dazu wird der „Mobber" aufgehoben und ruhig – ohne Bestrafung – weggesetzt.
- Herrchen und Frauchen lernen, wie sie ihren kleinen Hund am besten an Treppen, die Straßenbahn, den Tierarztbesuch, an fremde, ungewöhnlich aussehende Menschen und vieles mehr gewöhnen können. Handgreifliche Bestrafungen wie z.B. Schütteln am Nackenfell, auf den Rücken werfen (Alpharolle), Leinenruck und Ähnliches werden weder empfohlen noch angewendet.

- Es werden weder Welpen noch Hundebesitzer angeschrieen.
- Fachwissen wird nicht nur in mündlicher, sondern auch in schriftlicher Form an die Teilnehmer weiter gegeben.

Foto: Marcus Ball

Jana Verbeek und Alexis von der Eulengasse bei der Unterordnung

Augsburger Modell

Mit dem „Augsburger Modell" startete der SV im Jahr 1986 eine bundesweite Initiative zur Einführung von Erziehungskursen für Hunde. Die Idee: das Wissen und die Erfahrung der Mitglieder in Form von Kursen für Ausbildung und Erziehung an alle Hundehalter und für jeden Hund, unabhängig von einer Mitgliedschaft, weiterzugeben. Beim Augsburger Modell sind deshalb Hundeliebhaber mit allen Rassen willkommen. Heute bietet das Augsburger Modell eine praxisorientierte Hundeerziehung nach modernen Ausbildungsmethoden.

Nähere Informationen erhalten Sie beim SV: www.schaeferhunde.de

Foto: Heinrich Schniederjann

Gib 5!
Frisby von Dulmenni mit Hundeführerin Yvonne Schniederjann

Hundeführerschein

Der BHV-Hundeführerschein wurde entwickelt, um dem Halter die Möglichkeit zur Dokumentation zu geben, dass er seinen Hund im Alltag sicher unter Kontrolle hat und weder andere Menschen noch Hunde gefährdet.
In der Führerscheinprüfung müssen die Hundehalter dies in typischen Alltagssituationen unter Beweis stellen und außerdem Fragen über gesetzliche Regelungen, Lernverhalten und Kommunikation von Hunden, Verhalten des Besitzers in der Öffentlichkeit sowie Gesundheit und Aufzucht von Hunden beantworten.

Der Berufsverband hat den Hundeführerschein in Zusammenarbeit mit führenden deutschen Tier-Verhaltenstherapeuten entwickelt.

Die Bundestierärztekammer empfiehlt den Tierärztekammern der Bundesländer den BHV-Hundeführerschein zum Nachweis der Sachkunde. Auch die Expertenkommission „Der gefährliche Hund" der tierärztlichen Gesellschaft für Tier-Verhaltenstherapie empfiehlt den BHV-Hundeführerschein als Sachkundenachweis. Der Arbeitskreis „Sachkunde-Hundehaltung", in dem u. A. Organisationen wie Bundesverband praktischer Tierärzte (BPT), Verband für das Deutsche Hundewesen (VDH) e.V. und Deutscher Jagdschutz-Verband (DJV) e.V. vertreten sind, stuft den BHV-Hundeführerschein als empfehlenswert ein.

Die Prüfung für den BHV-Hundeführerschein dauert etwa zweieinhalb Stunden. Im praktischen Teil beobachten die Prüfer Hund und Halter in typischen Alltagssituationen - im Café, wenn der Hund unterm Tisch liegt und der Kellner kommt, beim Bummel in der Fußgängerzone und beim Spaziergang ohne Leine im Park. „Der Hund darf seine Umwelt weder gefährden noch belästigen", betont BHV-Vorsitzender Rainer Schröder. Im Theorie-Teil müssen die Hundebesitzer 40 Fragen zu Hundeverhalten und –erziehung beantworten.

Auch die Besitzer schwieriger, unsicherer Hunde können den Führerschein bestehen, unterstreicht Schröder: „Bedingung ist, dass der Hundehalter durch weitsichtiges Handeln das Verhalten seines Hundes sicher kontrolliert."

Zur Zeit gibt es in Deutschland rund 25 Tierärzte, Tierverhaltenstherapeuten und Hundeausbilder, die das Fachwissen und die Erfahrung haben, den BHV-Hundeführerschein abzunehmen.

Der Hundeführerschein wird in den Bundesländern Schleswig-Holstein, Niedersachsen und Hamburg als Sachkundenachweis anerkannt und liegt anderen Bundesländern zur Prüfung vor.

Foto: Beatrice Stiehler

Bossy von der Hummebrücke am Badesee

Köpfchen statt Knöpfchen ...

...das gilt auch für die viel gepriesenen Sprühhalsbänder, die in verschiedenen Ausführungen den Markt erobert haben. Spätestens seit uns Hundenanny Katja Geb-Mann allwöchentlich im deutschen Fernsehen vorführt, wie jeder Hund, ganz gleich welches Problem er seinen Haltern vermeintlich oder tatsächlich bereitet, mit Einsatz einer Fernbedienung in das Verhalten gepresst werden kann, das Herrchen oder Frauchen beliebt, finden die Halsbänder, die einen angeblich völlig harmlosen Spraystoß von sich geben, steigenden Absatz.

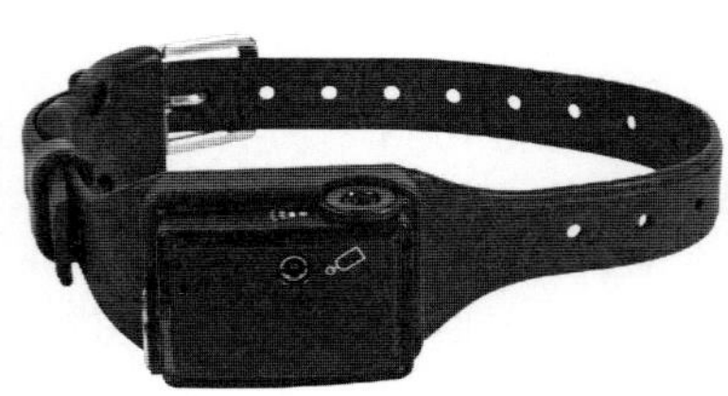

Doch schon der gesunde Menschenverstand lässt einen aufhorchen, wenn Hersteller und Anwender behaupten, dass der jederzeit auszulösende Sprühstoß für den Hund „gar nicht schlimm" sei. Da fragt man sich doch selbst nach nur kurzem Nachdenken, wie es denn möglich sein soll, instinktive, genetisch fixierte Verhaltensweisen wie zum Beispiel das Jagdverhalten durch etwas zu unterdrücken, das dem Hund gar nichts ausmacht?! Dem Hundehalter wird generös angeboten, das Gerät doch selbst mal in die Hand zu nehmen oder um den Hals zu legen, während der Trainer den Auslöser betätigt... und tatsächlich, so schlimm war das doch gar nicht. Ein kurzes „Zischhhh" mit etwas feucht-kalter Luft. „Ja", bestätigt der überzeugte Hundehalter, „das war gar nicht schlimm." Was Hersteller und Trainer jedoch geflissentlich verschweigen (aus Unwissenheit oder in betrügerischer Absicht?!), ist die Tatsache, dass plötzlich auftretende, nicht eindeutig zuzuordnende Zischlaute beim Hund als Angst auslösende, und lebensbedrohliche Laute abgespeichert sind, bei denen sofort die Flucht ergriffen werden muss. Jeder kennt den Anblick eines Hundes, der sich selbst im Körbchen zig mal um die eigene Achse dreht, bevor er sich schließlich gemütlich niederlegt. Es handelt sich bei dieser Verhaltensweise um ein Erbe aus den Zeiten, in denen der Hund noch weitgehend draußen in Freiheit lebte. Bevor er sich hinlegte, drehte er sich mehrfach im Gras oder Laub, um die ausgesuchte Liegestelle als ungefährlich abzusichern. Sollte beim Drehen ein Zischlaut (zum Beispiel von einer Schlange) zu hören sein, würde er sich durch einen Sprung zur Seite in Sicherheit bringen. Biologisch sinnvoll... und diesen genetisch fixierten, Angst auslösenden Zischlaut bringen wir Menschen nun in den unmittelbaren Kopfbereich des Hundes! Und drücken vielleicht gleich mehrfach das Auslöseknöpfchen, worauf der Hund ganz leicht nicht nur in Angst, sondern sogar in Panik versetzt werden kann – ohne die Möglichkeit, sich durch die Flucht zur retten!

Eigentlich ist dieser Umstand allein schon Grund genug, niemals zu erlauben, dass einem uns anvertrauten Lebewesen ein solches Gerät angetan (im wahrsten Sinne des Wortes!) wird. Es gibt aber noch mehr Probleme:

Der Hund weiß nie, wann und vor allem warum der Sprühstop ausgelöst wird, befindet sich damit also in ständiger Erwartungsunsicherheit. Wer wissen möchte, wie sich das anfühlt, dem empfehle ich folgendes Eigenexperiment, das nicht in Anwesenheit eines Hundes durchgeführt werden sollte, damit dieser nicht unnötig verunsichert wird: Bitten Sie ein Familienmitglied oder einen Freund, Sie wirklich stark zu erschrecken, zum Beispiel durch einen lauten Schrei oder dadurch, dass er plötzlich die Stereoanlage zu voller Lautstärke aufdreht oder zwei Töpfe aufeinander schlägt, wenn Sie gerade überhaupt nicht damit rechnen, sich zum Beispiel entspannt im Sessel zurücklehnen oder gerade mit Freunden Karten spielen. Das Experiment sollte mindestens mehrere Stunden, am besten ein oder zwei Tage dauern und der Schreckreiz sollte in dieser Zeit mehrfach ausgelöst werden, ohne dass Sie wissen, wann dies sein wird. Sie werden merken, dass der eigentliche Reiz, wenn er dann endlich auftritt, bei weitem nicht so schlimm zu ertragen ist, wie die zermürbende Warterei auf ihn. Obwohl man ihn fürchtet, wünscht man ihn schon beinahe herbei in der Hoffnung, dann wieder eine Weile Ruhe zu haben, was aber nicht so ist, da er kurz nach dem Auftreten ein zweites oder drittes Mal ausgelöst wird und dann wieder stundenlang gar nicht, ganz wie es Ihrem Helfer beliebt. Keine angenehme Vorstellung, nicht wahr?!

Aber es gibt noch weitere Probleme. Gleich mehrere ergeben sich aus der Tatsache, dass Hunde über gedankliche Verknüpfung lernen. Trägt der Hund das Halsband und erhält den Sprühstoß, wenn er zum Beispiel auch auf mehrfachen Zuruf nicht kommt, so möchte der Mensch ihm damit zeigen, dass er dafür mit Schreckreiz bestraft wird, dass er ungehorsam ist. Es kann aber gut sein, dass er in genau diesem Moment zu einem kleinen Kind, einem Jogger oder einem anderen Hund schaut – und den Strafreiz damit verbindet. Das Ergebnis ist dann ein Hund, der noch immer nicht besser auf Abruf reagiert, dafür aber Ängste, evtl. sogar durch die Angst ausgelöste Aggressionen, gegen das entwickelt, was er gerade sah. Die Hundehalter sind dann ratlos, weil ihr Hund „plötzlich" kleine Kinder meidet oder Jogger anknurrt, mit denen er doch bisher bestens auskam. Viele solcher Beispiele finden sich in meiner Hundeschule ein, erst kürzlich ein Rodesian Ridgeback Rüde, dessen Sprühhalsband immer ausgelöst wurde, wenn er zum Wildern durchbrennen wollte. Bei diesen Spaziergängen war allerdings auch immer seine Gefährtin, der Zweithund der Familie, anwesend. Die Halter kamen nun nicht wegen des unerwünschten Jagdverhaltens zu mir in die Hundeschule, mit dem sie sich inzwischen abgefunden hatten, sondern weil der Rüde seit Wochen die Nähe der Hündin mied. Immer wenn diese den Raum betrat oder sich, so wie früher, zu ihm kuscheln wollte, verließ er mit ängstlichem Gesichtsausdruck das Zimmer und das konnte man sich nicht erklären... Was hatte man diesen beiden Hunden angetan! Welche Gefühle wurden in den Tieren ausgelöst?! Der Rüde hatte nun Angst vor seiner Gefährtin, die er früher heiß und innig liebte, während diese nicht verstehen konnte, weshalb er, der vorher immer leidenschaftlich mit ihr spielte und tobte, sie jetzt mied. Die gleiche Trainerin, die den Einsatz des Sprühhalsbandes empfohlen hatte, empfahl jetzt übrigens, einen der Hunde abzugeben, weil die Tiere sich unterschiedlich entwickelt hätten und einfach nicht mehr gut zueinander passen würden. Die Ängste des Rüden erklärte sie über die angeblich dominante Ausstrahlung der Hündin. Man könnte weinen, wenn Hunden mit einem solchen Schicksal gegenüber steht – oder es packt einen einfach nur die Wut.

Die Probleme gehen weiter, denn nichts generalisiert sich bei Hunden so schnell, wie Geräuschangst. Nicht nur dieser Rüde, sondern auch zahlreiche andere Hunde entwickeln nach Einsatz des Sprühhalsbandes Ängste vor allen möglichen Geräuschen. Das Öffnen einer kohlsäurehaltigen Getränkeflasche, das Zischen von heißem Fett in der Pfanne, Knall- und Schussgeräusche, die dem Hund vorher egal waren, versetzen ihn jetzt in Angst und Schrecken. Der oben erwähnte Ridgeback Rüde zum Beispiel verzog sich mit eingezogener Rute unter den Tisch des Besprechungsraums, als ich eine Wasserflasche öffnete. Dies tat ich nicht, weil ich Durst hatte – trauriger Weise gehört es inzwischen schon fast zum Standardprogramm beim ersten Kennenlernen und Analysieren eines mir vorgestellten Hundes auszutesten, ob er schon mit Sprühhalsband gearbeitet wurde und welche Wunden dies an seiner Seele hinterlassen hat.

Die Halterin war auch sehr erstaunt, als ich ihr nach dem „Flaschentest" auf den Kopf zu-sagte, dass an ihrem Hund sicher schon mit Sprühhalsband gearbeitet worden war. Das wollte sie mir eigentlich gar nicht erzählen, weil sie schon gehört hatte, dass ich gegen den Einsatz dieser Geräte bin. Nachdem ich sie auf die Reaktion ihres Hundes hingewiesen hatte, war sie sehr betroffen. Und wütend, nachdem ich ihr erklärte, weshalb ihr Rüde jetzt Angst vor der Hündin und vor allen möglichen Geräuschen hatte. Wütend auf die Trainerin, die sie auf diese „unerwünschten Nebenwirkungen" nicht aufmerksam gemacht, sondern immer erklärt hatte, wie harmlos der Einsatz des Gerätes sei. Für mich stellt sich die Frage, ob Kollegen, die es einsetzen, um diese Nebenwirkungen nicht wissen, oder ob sie diese bewusst verschweigen, weil kaum jemand bereit wäre, den Einsatz zu erlauben, wenn sie bekannt wären. Und ich stelle mir die Frage, was von beiden eigentlich schlimmer ist...

Last not least gibt es Probleme mit der Technik. Es soll schon vorgekommen sein, dass das Gerät durch andere Funkfrequenzen oder sogar die Fernbedienung eines in der Nähe befindlichen Halsbandes an einem anderen Hund ausgelöst wurde. Der Strafreiz wird dann also einem Hund verabreicht, der einfach nur herumsteht oder gerade spielt oder sonst etwas tut. Das steigert die Erwartungsunsicherheit natürlich noch mehr und erhöht die Trefferquote auf Fehlverknüpfungen immens. Zusätzlich löst es nicht immer zuverlässig aus, kann zum Beispiel durch Wetterlagen mit feuchter Luft (Nebel, Regen) verzögert oder gar nicht reagieren. Schließlich zeigt es auch nicht an, wann die Batterie leer ist, wodurch es passieren kann, dass der Auslöser gedrückt wird und nichts geschieht.

Dann käme man durch das Ausbleiben des Strafreizes (wenn der Hund denn überhaupt verstanden hätte, wofür er eigentlich bestraft werden soll) in den Bereich der variablen Bestätigung, was das unerwünschte Verhalten sogar noch verstärkt. Der Hund würde nämlich lernen, dass er das Verhalten nur immer wieder zeigen muss, bis er schließlich wieder zum Erfolg (in diesem Fall das Ausbleiben des Strafreizes und die

erfolgreiche Durchführung des Verhaltens) kommt.
Man kann es also drehen und wenden, wie man will: Sprühhalsbänder sind ganz und gar nicht harmlos, im Gegenteil sogar sehr gefährlich. Manche Hunde werden durch sie so verunsichert, dass sie in die so genannte erlernte Hilflosigkeit fallen, was zur Folge hat, dass sie kaum noch Aktionen zeigen oder Handlungen anbieten, weil sie in ständiger Angst vor dem für sie unkalkulierbaren Strafreiz leben. Um diesen Tieren – und ihren verzweifelten Haltern – zu helfen, braucht es ein meist lang angelegtes, gut durchdachtes Training, das den Hund aus dieser erlernten Hilflosigkeit und seinen vielfältigen Ängsten wieder herausholt.

Sprühhalsbänder gaukeln dem Hundehalter vor, mal eben schnell per Fernbedienung eine Lösung für vermeintliche oder tatsächlich entstandene Probleme zu haben. Aber so einfach ist das nicht. Hunde sind uns anvertraute, fühlende und denkende Lebewesen, die nicht beliebig manipulierbar sind und deren Lernverhalten sich von dem unseren ganz erheblich unterscheidet. Ich kann deshalb nur dringend empfehlen, jeden Ausrüstungsgegenstand und jede Methode, der/ die durch Hersteller oder Trainer empfohlen wird, vor Anwendung am Hund genau zu prüfen, sich gut zu informieren und im Zweifelsfall nach dem guten alten Motto zu entscheiden, das auch für unsere Hunde gelten sollte: Was Du nicht willst, das man Dir tut, das füg auch keinem anderen zu.

© Clarissa v. Reinhardt - animal learn

Foto: Kai Jung

Unterordnungs-Training
Kyrill vom Haus Clanora mit Besitzerin Anke Dahl

P.S.: Hiermit lade ich alle Hundefreunde ein, bei der Verbreitung dieses Textes zu helfen. Ich erlaube als Autorin ausdrücklich, ihn (vollständig und unverändert und unter Nennung der Quelle) auf anderen Homepages zu veröffentlichen, auszudrucken und zu verteilen oder auf ihn hinzuweisen. Je mehr Menschen um die Tücken und Gefahren des Sprühhalsbandes wissen, je mehr Hunden bleibt dessen Anwendung – hoffentlich – erspart. Ein herzliches DANKE an jeden, der diesen Text weiter gibt.

L

Freizeit mit dem Schäferhund

Sie wollen viel, gaaanz viel Freizeit mit Ihrem Hund verbringen. Das ist gut, denn Ihr Schäferhund erwartet genau das von Ihnen.

Es gibt nur wenige Hunderassen, die noch aktiver sind und noch mehr zeitliche Zuwendung von ihren Menschen erwarten und einfordern.

Aber alles, was Sie Ihrem Schäferhund geben, wird er Ihnen doppelt und dreifach zurück geben.
Die gemeinsame Zeit mit einem Schäferhund ist einfach unersetzlich.

Foto: Britta Franz

Chelsea vom Erlenring mit Frauchen
beim Frisbee-Seminar

Freizeit mit dem Schäferhund

Man kann es gar nicht oft genug betonen, dass Ihr Schäferhund ein absolut aktiver, sportlicher Hund ist, der unbedingt eine „echte" Arbeit braucht.
Wer nicht selbst auf die Jagd gehen will, muss unbedingt für eine adäquate Alternative für seinen Schäferhund suchen - so bieten sich diverse Hundesportarten an:

- Agility
- Dogdancing
- Dogging
- Dummytraining
- Discdogging, Hundefrisbee
- Fährtenarbeit
- Schutzhundprüfung
- Leistungshüten
- Mantrailing
- Obedience
- Turnierhundsport
- Wasserarbeit
- Zielobjektsuche

Diese und andere Sportarten für und mit Hund werden von verschiedenen Vereinen angeboten. Am besten fragen Sie auch hierzu beim Rassezuchtverein nach - dort kennt man Adressen in Ihrer Nähe. Einige Sportarten haben wir weiter hinten im Buch auch kurz erklärt.

Wie Sie den Bildern auf dieser und der vorherigen Seite entnehmen können, ist der Schäferhund ein absolut wetterfester Kamerad, der es liebt, auch bei Regen und Schnee draußen mit Ihnen aktiv zu sein.
Lassen Sie sich fesseln von diesen Bildern, die uns engagierte Züchter zur Verfügung gestellt haben. Sie sehen gleich, wie viel Spaß das gemeinsame Leben mit einem oder auch mehreren Hunden dieser wunderbaren Rasse macht.

Foto: Isa Duschinski

Sprung ins Wasser
Göre von Metunaj

Das Leben mit einem Schäferhund ist aufregend, lustig, intensiv ...

... und einfach schön!

Foto: Yvonne Maaß

„Wasserhund"
Vincent von der Arenzburg

Hinsprung bei der Übung Bringen über eine Hürde
Alf von Trafalga aus dem Zwinger vom Gaunereck

Foto: Sandra Lieblich

Obedience

Obedience (deutsch: Gehorsam) ist eine Hundesportart, bei der es besonders auf harmonische, schnelle und exakte Ausführung der Übungen ankommt. Obedience wird auch als „Hohe Schule" der Unterordnung bezeichnet. Ein eingespieltes, gutes Mensch-Hund-Team ist eine Grundvoraussetzung. Bei Obedience-Prüfungen geht es nicht allein um den Gehorsam des Hundes. Es spielt auch seine Sozialverträglichkeit mit anderen Menschen und Hunden eine große Rolle. Wie Agility hat diese Hundesportart ihren Ursprung in England.

Beschreibung

Bei offenen Obedience-Wettbewerben kann jeder ohne Berücksichtigung der Größe, Rasse oder Abstammung des Hundes teilnehmen. Im Gegensatz zu vielen anderen Hundesportarten ist Obedience auch behinderten Menschen und Hunden zugänglich. Es gibt beispielsweise Rollstuhlfahrer, die diesen Hundesport betreiben. Beim Hundeführer wird keine außergewöhnliche Sportlichkeit vorausgesetzt. Auch ältere oder leicht behinderte Hunde können mitmachen, da deren Einschränkung bei der Bewertung berücksichtigt wird. Körperliche Belastungen gibt es bei Obedience für Hund und Halter praktisch nicht.

Ein großer Unterschied zu anderen Hundesportarten besteht darin, dass der Hundeführer von einem Ringsteward, in der Schweiz Wettkampfleiter genannt, durch die Prüfung geführt wird. Der Ringsteward gibt dem Hundeführer genaue Anweisungen, was als Nächstes zu tun ist. Solche Anweisungen sind nötig, da es beim Obedience kein festgelegtes Schema für Prüfungen gibt. Die Führung durch den Steward ist einerseits ein Vorteil für nervöse Hundeführer, andererseits muss der Hundeführer seine Hör- bzw. Sichtzeichen sofort nach der Freigabe durch den Steward geben, was durchaus als zusätzliche Schwierigkeit anzusehen ist. Der Steward legt gemeinsam mit dem Leistungsrichter das Laufschema für die Leinenführigkeit und die Freifolge sowie den gesamten Ablauf der Prüfung fest. Das bedeutet, dass der Hundeführer erst während der Prüfung erfährt, welche Übungen wie zu absolvieren sind.

Wie auch andere Hundesportarten stammt Obedience aus Großbritannien. Zuerst war Obedience nur ein Bestandteil der so genannten „working trials" (eine Art Vielseitigkeitsprüfung, 1919 vom britischen Zuchtverein für Schäferhunde eingeführt), aber bereits wenige Jahre später gab es die Möglichkeit, sich auf solchen Trials in reinen Obedienceklassen einzuschreiben. Zu einer anerkannten Sportart wurde es erst um 1951, als auf der britischen Hundeshow Crufts Obedience erstmals vor einem großem Publikum vorstellt wurde. In Deutschland wurde die erste, inzwischen überarbeitete Prüfungsordnung am 1. Juli 2002 nach einem eineinhalb-jährigen Pilotprojekt veröffentlicht.

In vielen Übungen ähnelt Obedience dem Gehorsamsteil der Rettungshunde- und Schutzhundprüfungen (in Großbritannien ist Obedience ein Ersatz für den Schutzhundesport). Zum Beispiel ähneln sich das Bei-Fuß-Gehen mit und ohne Leine, das Sitz, das Platz sowie das Steh aus der Bewegung, die Bleib-Übungen mit und ohne Sichtkontakt, das Abrufen, das Vorausschicken, das Apportieren und die Geruchsidentifikation aus mehreren Hölzern. Die Distanzkontrolle ist ebenfalls ein Bestandteil der Prüfung, bei welcher der Hund in einem großen Abstand zu seinem Besitzer eine Reihe von Positionswechseln (Sitz, Platz, Steh) ausführen soll, ohne sich dabei von der Stelle zu bewegen. Im Gegensatz zum Schutzhundesport ist die Ausführung der Kommandos präziser und eleganter. Auf dem Prüfungsgelände geht es sehr viel leiser zu, es wird „weicher" geführt und das Niveau ist, aus Sicht der Unterordnung, um einiges höher.

Obedience hat sich in Großbritannien durchsetzen können, weil dort die Ausbildung zum Schutzhund für den Laien verboten ist. Obedience ist aber auch mehr als ein gleichwertiger Ersatz für den Gehorsamsteil des Schutzhundesports.

Bei Obedience muss das Mensch-Hund-Team die Übungen nicht einfach nur ausführen können, sondern es muss auch noch gut aussehen. Diese Harmonie erreicht man nur, wenn der Hund seinem Menschen vertraut und Spaß an der gemeinsamen Arbeit hat. In den Klassen Beginner, 1 und 2 wird der „Umgang Mensch-Hund" als eigene Übung gewertet, bei der es auf die freudige Arbeit des Hunds sowie die gute Verständigung zwischen Hund und Hundeführer ankommt. In Klasse 3 gibt es keine derartige Übung; stattdessen geht die Form der Ausführung einzelner Übungen direkt in deren Wertung ein.

Obedience ist vom Grundsatz her für jeden Hund geeignet, unabhängig von Alter und Größe, da die Richter bei der Bewertung auf die Besonderheiten des Hundes und der Rasse Rücksicht nehmen. Zu den meist bekannten Gehorsamsübungen aus der Begleithundeprüfung, wie zum Beispiel Fuß laufen, Sitz aus der Bewegung und Platz mit Abrufen, kommen beim Obedience noch einige weitere Übungen, wie beispielsweise

- Apportieren (auch von Metallgegenständen)
- Eigenidentifikation (Geruchsunterscheidung an Gegenständen)
- Positionswechsel auf Distanz (Wechsel zwischen Sitz, Platz, Steh)
- Vorausschicken in eine Box (Quadrat aus 4 Pylonen)
- Wesensfestigkeit, vor allem gegenüber anderen Hunden
- Ablage (alle Hunde werden gleichzeitig abgelegt)

hinzu.

Prüfungen

Allgemeines

Es gibt verschiedene Prüfungsordnungen für Obedience. Im deutschsprachigen Raum sind das die Internationale Prüfungsordnung FCI sowie die Prüfungsordnungen der jeweiligen Mitgliedsländer für die Klassen unterhalb der internationalen Klasse.

Die Prüfungsordnung des VDH sieht vier Klassen mit jeweils steigenden Anforderungen vor: Beginnerklasse, Klasse 1, Klasse 2 und Klasse 3. Die Klasse 3 entspricht dabei vom Reglement her der internationalen Obedienceklasse. In der Schweiz werden Obediencewettkämpfe in den Leistungsklassen Beginners, Obedience 1, Obedience 2 und Obedience 3 durchgeführt. In Österreich heißen die Prüfungen Gehorsamsprüfung (GH), und es gibt sie als GH-1, GH-2 und GH-3.

Für die Teilnahme an den Obedienceprüfungen sind verschiedene Voraussetzungen zu erfüllen. „Um an einer internationalen Obedience-Klasse oder an einer Europa- oder Weltmeisterschaft teilnehmen zu können, muss der Hund mindestens 15 Monate alt und in einem von der FCI anerkannten Zuchtbuch registriert sein" oder in dessen Anhangregister eingetragen sein. Welche nationalen Prüfungen Zulassungsvoraussetzung für internationale Prüfungen sind, regeln die FCI-Mitgliedsländer separat.

Entsprechend der Prüfungsordnung des VDH muss der Hund für die Teilnahme in der Beginnerklasse oder in Klasse 1 mindestens 15 Monate alt sein. Bei Klasse 2 muss der Hund 16 Monate und bei der Klasse 3 17 Monate alt sein. Vor der ersten Obedienceprüfung muss die Begleithundprüfung abgelegt werden. Die Teilnahme an Prüfungen der nächsthöheren Klasse ist möglich, wenn in einer Klasse die Wertung vorzüglich erreicht wurde. Damit eine Prüfung durchgeführt werden kann, müssen mindestens 8 Teams teilnehmen. Die Qualifizierungsbedingungen im VDH führen dazu, dass Hunde 17 Monate alt sein müssen, um in der internationalen Klasse bei Prüfungen starten zu können, denn sie müssen vorher die Klasse 3 erfolgreich absolviert haben.

Bewertung

Die Bewertung der Übungen erfolgt durch den Leistungsrichter auf der Basis der Prüfungsordnung und des Leistungsrichterleitfadens.

In der Internationalen Prüfungsordnung sind Punktwertungen für die einzelnen Übungen der Prüfung vorgesehen. Der Richter vergibt dabei für eine perfekte Vorführung 10 Punkte. In Abstufungen von jeweils einem halben Punkt sind dann Wertungen bis 5 Punkte möglich. Eine nicht bestandene Übung wird mit Null Punkten bewertet.

Die Übungen sind für die Gesamtbewertung der Prüfung unterschiedlich wichtig, was durch Koeffizienten ausgedrückt wird. Die vom Richter vergebene Punktzahl wird mit dem Koeffizienten der jeweiligen Übung multipliziert, um die Punktzahl für die Gesamtwertung zu ermitteln. Auf diese Weise können in der internationalen Klasse für die Prüfung 320 Punkte erreicht werden. Auf der Basis der erreichten Punktzahlen erfolgt die Bewertung:

- Vorzüglich (v): 320 - 256 Punkte
- Sehr gut (sg): 224 - unter 256 Punkte
- gut (g): 192 - unter 224 Punkte

Die Prüfungsordnung des VDH sieht für die anderen Leistungsklassen ein analoges Bewertungssystem vor. Die Koeffizienten der einzelnen Übungen ändern sich je nach Prüfungsklasse. Bei der Bewertung einzelner Übungen orientiert sich der Richter an folgendem Punkteschema:

- Vorzüglich 8 – 10
- Sehr gut 7 – 7,5
- Gut 6 – 6,5
- Mangelhaft 5 – 5,5

Der Leistungsrichterleitfaden sieht für bestimmte Mängel in der Übung vor, wie viele Punkte bei der Bewertung abzuziehen sind. Insgesamt bewertet der Richter eine Übung so, dass sie die Ausführung der Übung widerspiegelt. Für das Bestehen der Prüfung muss mindestens ein gutes Ergebnis erreicht werden.

Die Beginner-Klasse nach dem Reglement des VDH

In der Beginner-Klasse werden elf verschiedene Elemente geprüft. Dabei gliedert sich jede Prüfung in die Gruppenarbeit und die Einzelübungen. In der Gruppenarbeit der Beginner-Klasse liegt der Bewertungsschwerpunkt beim Sozialverhalten des Hundes. Sie enthält die Übungen Verhalten gegenüber anderen Hunden, Stehen und Betasten, Gebiss zeigen und Ablegen in der Gruppe. Bei der Gruppenarbeit befinden sich alle startenden Teams der Gruppe (mindestens drei Mensch-Hund-Teams) gleichzeitig auf dem Prüfungsgelände und absolvieren die Übungen gemeinsam.

Die einzelnen Übungen beginnen und enden in der Grundstellung. Dabei sitzt der Hund dicht an der linken Seite des Hundeführers und hat Blickkontakt zu diesem. Die Schulter des Hunds befindet sich auf Kniehöhe des Hundeführers, die Körperachsen von Hund und Hundeführer sind exakt parallel ausgerichtet (der Hund sitzt „gerade" nach vorn).

Als Erstes wird das Verhalten gegenüber anderen Hunden geprüft. Hierbei stehen alle Mensch-Hund-Teams in einer Reihe. Die Teams gehen der Reihe nach vor und hinter den anderen Teams, in einem maximalen Abstand von einem Meter, entlang. Die Hunde sollen sich hierbei freundlich oder gleichgültig, aber keinesfalls aggressiv verhalten. Wenn ein Hund bei dieser Übung durch negativ zu bewertendes Verhalten auffällt, so ist dieses Team von der Prüfung auszuschließen.

Als nächster Prüfungsteil folgt das Stehen und Betasten. Zu Beginn tritt der Hundeführer nach Aufforderung des Ringstewards mit seinem Hund aus der Gruppe heraus. Der Hundeführer entscheidet hierbei selbst, ob er diesen Prüfungsteil mit oder ohne Leine absolvieren möchte. Das Team stellt sich in die Grundstellung. Der Hund wird nach der Anweisung des Stewards in das Steh gebracht. Danach begibt sich der Hundeführer schräg neben seinen Hund. Wenn der Hund angeleint bleibt, muss die Leine locker durchhängen. Der Hund darf durch den Hundeführer beruhigt werden, es dürfen jedoch keine Kommandos wie zum Beispiel „bleib" gegeben werden. Der Hund muss sich nun vom Steward von allen Seiten betasten lassen und dabei ruhig stehen bleiben. Danach begibt sich der Hundeführer wieder zurück zu seinem Hund und nimmt diesen wieder in die Grundstellung über. Bewertungsschwerpunkt auch bei dieser Übung bildet das Verhalten des Hundes. Hilfen des Hundeführers für den Hund führen zu Punktabzügen.

Danach folgt der Teil Gebiss zeigen. Auf Anweisung begibt sich das Team zum Leistungsrichter. Dort bleibt es in der Grundstellung stehen. Der Hundeführer hebt nun die Lefzen des Hunds an. Dabei sollen die Seitenzähne vollständig sichtbar sein und das Gebiss geschlossen bleiben. Diese Übung demonstriert in hohem Maß die Bereitschaft des Hunds, sich dem Hundeführer unterzuordnen.

Im Anschluss folgt das Ablegen in der Gruppe. Bei diesem Teil stehen alle Prüfungsteilnehmer in einer Reihe in einem Abstand von etwa 3 Metern zueinander. Die Hunde werden abgeleint und danach der Reihe nach in die Position „Platz“ gebracht. Die Hundeführer entfernen sich etwa 20 Meter von ihren Hunden und drehen sich dann zu ihnen. Diese Position soll 2 Minuten beibehalten werden. Der Hund darf sich dabei nicht aufrichten oder seine Position verändern. Er darf maximal seine eigene Körperlänge nach vorn kriechen, um die Übung noch zu bestehen. Auf Anweisung des Stewards gehen nach Ablauf der Zeit alle Hundefüherer gleichzeitig wieder zu ihren Hunden zurück, wobei diese im Platz bleiben. Nacheinander und auf Stewardanweisung erfolgt dann das Aufstehen der Hunde in die Grundstellung. Die Kommandos müssen durch die Hundeführer so gegeben werden, dass andere Hunde nicht gestört werden. Der Hund muss lernen, nur die Kommandos des eigenen Hundeführers zu befolgen. Der Leistungsrichter achtet hier darauf, dass die Hunde ihre Position nicht verändern und keine Zusatzkommandos gegeben werden.

Die erste Einzelübung ist dann die Leinenführigkeit. Der Hund wird an einer locker durchhängenden Leine im Fuß geführt. Beim Führen im Fuß geht der Hund so, dass er dicht an der linken Seite des Hundführers läuft. Der Hund soll dem Hundeführer so folgen, dass er diesen beim Laufen nicht behindert. Die Schulter des Hunds befindet sich auf Kniehöhe des Hundeführers, wobei der Hund Blickkontakt zum Hundeführer hält. Der Steward gibt in einer beliebigen vorher festgelegen Reihenfolge die Anweisungen „Vorwärts“, „Rechtswendung“, „Linkswendung“, „rechts umkehren“, „links umkehren“ und „Halt“. Die Rechts- beziehungsweise Linkswendung müssen in einem Winkel von 90 Grad gezeigt werden. Das Halt soll unerwartet und ohne Kommando ausgeführt werden.

Direkt nach dieser Übung wird die gezeigte Fußarbeit als Freifolge wiederholt. Freifolge bedeutet, dass die Übung jetzt ohne Leine ausgeführt wird. Der Leistungsrichter zieht bei dieser Übung Punkte ab, wenn der Hund nicht dicht neben dem Hundeführer läuft oder Zusatzkommandos gegeben werden.

Bei der Übung Sitz aus der Bewegung läuft der Hundeführer mit seinem nicht angeleinten Hund aus der Grundstellung los. Nach 10 bis 15 Metern gibt der Hundeführer dem Hund das Kommando Sitz, das dieser schnell ausführen soll. Der Hundeführer darf seine Gangart nicht unterbrechen und sich nicht umdrehen. Nach weiteren 20 Metern bleibt der Hundeführer stehen und dreht sich zu seinem Hund. Der Hundeführer kehrt nach Anweisung des Stewards zu seinem Hund an die rechte Seite zurück und leint diesen wieder an. Zu Punktabzug bei dieser Übung kann es kommen, wenn der Hund nicht gerade sitzt, der Hundeführer Hilfen zum Setzen gibt oder der Hund ihm noch nachgeht. Bei einer falschen Position des Hundes (kein Sitz) ist die Übung nicht bestanden.

Bei der Übung Kommen auf Befehl wird der Hund in einer quadratischen Box von 3x3 Metern abgelegt. Die Box besteht aus Pylonen an den Ecken und einem Band oder einer Markierung auf dem Boden als Abgrenzung. Der Hundeführer entfernt sich danach etwa 15 Meter von seinem Hund. Dort dreht sich der Hundeführer zu seinem Hund und ruft diesen ab, gibt also ein Kommando zum Kommen. Der Hund muss schnell und geradlinig kommen und vor oder neben dem Hundeführer sitzen. Wenn der Hund vor dem Kommando des Hundeführers oder erst nach mehrmaligem Auffordern kommt, werden Punkte abgezogen.

Bei der neunten Übung Zurücksenden auf den Platz wird der Hund aus der Grundstellung heraus zurück in die Box gesendet. In dem Quadrat muss sich der Hund auf Befehl in die Position „Platz" begeben.

Die zehnte Übung ist der Apport auf ebener Erde, wobei der Hundeführer seinen Apportgegenstand etwa 10 Meter entfernt ablegt. Der Hund darf erst nach dem Kommando den Gegenstand apportieren. Dabei soll der Hund nicht an dem Gegenstand kauen oder mehrfach nachfassen. Beim Ausgeben gibt es zwei Varianten:
Variante 1: Der Hund muss sich mit dem Gegenstand vor den Hundeführer setzen und muss den Gegenstand weiter festhalten. Der Hund lässt den Gegenstand erst auf Kommando los und begibt sich nach einem weiteren Kommando zurück in die Grundstellung.
Variante 2: Der Hund begibt sich sofort in die Grundstellung und muss den Gegenstand weiter festhalten und gibt diesen auf Kommando aus.
Der Hund darf den Gegenstand nicht fallen lassen und sollte keine Zusatzkommandos bekommen.

Zuletzt wird das Verhältnis zwischen Mensch und Hund bewertet. Der Leistungsrichter beurteilt hier zum Beispiel, ob der Hund das Programm freudig absolviert hat. Dies wird während der gesamten Prüfung beobachtet.

In Kurzform ergibt sich für die Beginner-Klasse folgendes Programm:

1.Verhalten gegenüber anderen Hunden
2.Stehen und Betasten
3.Gebiss zeigen
4.2 Minuten Liegen mit Sichtkontakt
5.Leinenführigkeit
6.Freifolge
7.Sitz aus der Bewegung
8.Kommen auf Befehl
9.Zurücksenden zum Platz
10.Apport auf ebener Erde
11.Umgang Mensch – Hund

Klasse 1
1.1 Minute Sitzen mit Sichtkontakt
2.3 Minuten Liegen mit Sichtkontakt
3.Leinenführigkeit
4.Freifolge
5.Platz aus der Bewegung (Viereck 8x8m)
6.Kommen auf Befehl
7.Zurücksenden zum Platz
8.Freisprung über die Hürde
9.Apport auf ebener Erde
10.Kontrolle auf Distanz
11.Umgang Mensch – Hund

Klasse 2
1.2 Minuten Sitzen mit Sichtkontakt
2.3 Minuten Liegen ohne Sichtkontakt
3.Freifolge
4.Sitz, Platz aus der Bewegung
5.Kommen mit Steh
6.Voraussenden in ein Viereck mit Hinlegen
7.Apport über die Hürde (Holzapport)
8.Metallapport
9.Geruchsunterscheidung aus maximal 6 Gegenständen
10.Kontrolle auf Distanz
11.Umgang Mensch – Hund

Klasse 3
1.2 Minuten Sitzen
2.4 Minuten Liegen
3.Freifolge
4.Stehen, Sitzen und Platz aus der Bewegung
5.Abrufen mit Stehen und Platz
6.Voraussenden in ein Viereck
7.Bringen auf Anweisung
8.Metallapport über die Hürde
9.Geruchsunterscheidung aus max. 6 Gegenständen
10.Kontrolle auf Distanz

Dogdancing

Dogdancing ist eine Hundesportart, die ihren Ursprung in den USA hat. Beim Dogdancing vollführen Hund und Mensch zu musikalischer Begleitung rhythmische Bewegungen.

Die Sportart stammt vom Obedience ab, es basiert ebenfalls auf grundlegendem Hundegehorsam und stellt hohe Anforderungen an Mensch und Tier. Dogdancing vereint Elemente des Obedience (z. B. sehr aufmerksames „Bei-Fuß-Gehen") mit speziellen Kunststücken (wie: Beinslalom, Rückwärts gehen, Seitengänge, Drehungen, Pfotenarbeit, Sprünge über den oder durch die Arme des Hundeführers, zwischen den Beinen laufen, Männchen machen, Polonaise) zu einer tänzerischen, musikalisch präsentierten Choreographie. Der Hund wird durch kleinste Körpersignale und verbale Kommandos gelenkt.

Dogdancing beinhaltet auch Aspekte des menschlichen Tanzes (Rhythmik, Synchronität der Bewegungen, fließende Richtungswechsel), schließt aber auch Elemente des Dressurreitens (Traversalen, spanischer Tritt) ein. Die Tanzfiguren werden teils gegeneinander, teils auf Distanz getanzt, im Rhythmus der Musik.

Agility

Agility (engl. Wendigkeit, Flinkheit) ist eine Hundesportart, die ursprünglich aus England stammt. Kernstück ist die fehlerfreie Bewältigung einer Hindernisstrecke (Parcours) in einer vorgegebenen Zeit. In den 1980er Jahren kam diese Sportart auch nach Deutschland. Agility gehört zu den weltweit etablierten, modernen Hundesportarten und wird von sehr vielen Hundesportvereinen angeboten. Agility wird inzwischen auch mit anderen Tieren, wie zum Beispiel Katzen (siehe Cat Agility), betrieben, hat dort aber nicht die Verbreitung wie im Hundesport.

Geschichte

Bei der Crufts Dog Show 1977 wurde der Brite Peter Meanwell gefragt, ob er einen Pausenfüller organisieren könnte. Dieser ließ sich vom Pferdesport inspirieren und entwickelte ein Springturnier für Hunde als Wettkampf. Dazu mussten hundgerechte Hindernisse gebaut und die ersten Regeln entwickelt werden. 1978 kam es zur ersten Präsentation mit zwei Teams. Die Begeisterung des Publikums war so groß, dass beschlossen wurde, die Veranstaltung im nächsten Jahr fortzuführen; jetzt waren sogar Ausscheidungskämpfe im Vorfeld nötig, um die drei besten Teams präsentieren zu können. Schnell wurde diese neue Sportart zum Selbstläufer und fand weltweite Verbreitung. Mittlerweile gibt es auch deutschland- bzw. österreichweit zahlreiche Wettkämpfe – von „kleineren" Vereinsmeisterschaften über Landesmeisterschaften bis hin zu Bundesmeisterschaften. Teams starten bei Agility-Weltmeisterschaften verschiedener Organisationen: IFCS, IMCA und FCI (letztere ausschließlich für Rassehunde mit FCI-Papieren) bzw. Agility-World-Cup und European Open (einer Veranstaltung der FCI), wo auch Mischlinge starten dürfen.

Beschreibung

Grundprinzip

Der Hund durchläuft, geführt vom Hundeführer, einen Parcours, der aus bis zu zwanzig verschiedenen Hindernissen zusammengestellt ist. Hierbei ist zwischen dem „A-Lauf" und dem „Jumping" zu unterscheiden. Beim A-Lauf gibt es außer einfachen Sprunghürden auch Kontaktzonengeräte, die beim Jumping fehlen. Das Team (Hund und Führer) muss Geräte wie Tunnel, Weitsprung und Slalom in vorgegebener Reihenfolge schnellstmöglich und fehlerfrei bewältigen.

Dieser Sport ist für die meisten Hunde geeignet. Sehr große Hunde sind allerdings selten, einerseits aus gesundheitlichen Gründen, andererseits weil sie in Wettbewerben eher chancenlos sind. In der Klasse Maxi bzw. Large sieht man sehr oft wendige Hunde wie Border Collies und Belgische Schäferhunde. Die Hunde müssen über einen guten Grundgehorsam verfügen und dürfen keine Schädigungen des Bewegungsapparates aufweisen.

Das wichtigste beim Agility sind der Spaß und die sportliche Aktivität. Daher muss gewährleistet sein, dass der Hund gesund ist und nicht überfordert wird. Anhänger dieser Sportart betonen: „Agility is fun!"

Der Hund läuft im Parcours frei (ohne Halsband und Leine) und darf vom Hundeführer während des Laufs nicht berührt werden. Er wird ausschließlich über Hörzeichen (Stimme) des Hundeführers und dessen Körpersprache geführt. Die Hindernisse im Parcours sind nummeriert und genau in dieser Reihenfolge zu absolvieren. In jeder Prüfung wird der Parcours anders gebaut. Die Planung liegt beim Leistungsrichter, der später die einzelnen Mensch-Hund-Teams bewertet. Ausgelassene oder in der falschen Reihenfolge genommene Hindernisse führen zu einer Disqualifikation des Teams für den jeweiligen Lauf. Stoppt der Hund vor einem Hindernis oder bricht seitlich aus, wird das als Verweigerung bezeichnet (Details stehen in den jeweiligen Prüfungsordnungen); der Hund muss dieses Hindernis bewältigen, bevor er zum nächsten läuft. Nach dreimaligem Verweigern wird das Team disqualifiziert. Verhaltensmängel des Hunds oder auch Fehlverhalten des Hundeführers (zum Beispiel Misshandlung des Hundes oder Missachtung des Leistungsrichters) führen nach entsprechender Entscheidung des Leistungsrichters zu einem Ausschluss des Teams von der Veranstaltung.

Für die Absolvierung des Parcours steht dem Team eine vorgegebene Standardzeit zur Verfügung. „Jedoch ist die Standardzeit nur als Vorgabe zu sehen und die Schnelligkeit darf nicht als hauptsächliches Kriterium gesehen werden. Agility ist kein Geschwindigkeitslauf, sondern ein Geschicklichkeitslauf. Bei übereinstimmenden Ergebnissen geht die Entscheidung zu Gunsten des Hundes, der die geringeren Fehler an den Hindernissen hat. Nur im Falle gleicher Anzahl von Fehlern an den Hindernissen berücksichtigt man bei der Reihung die bessere Zeit."

Das Absolvieren des Parcours setzt ein hohes Maß an Geschick bei Mensch und Hund voraus. Vor allem in den hohen Leistungsklassen führen bereits kleinere Führfehler des Hundeführers oder eine kurze Unaufmerksamkeit des Hundes leicht zu Fehlern, die eine Disqualifikation nach sich ziehen können. Genau diese Notwendigkeit exakter Zusammenarbeit des Teams macht aber einen Großteil des Reizes dieser Sportart für die Aktiven aus. Das Team stellt sich sehr fein aufeinander ein. Jeder beobachtet den anderen und beachtet winzige Hinweise seines Sportpartners. Dieses Zusammenspiel wirkt sich auf die gesamte Mensch-Hund-Beziehung aus und beeinflusst diese positiv.

Führtechniken

Im Gegensatz zu anderen Hundesportarten wird der Hund beim Agility wechselnd an beiden Körperseiten geführt; dadurch kann der Laufweg des führenden Menschen verkürzt werden und der Parcours vom Hund schneller bewältigt werden. Im Gegensatz zum teils ähnlichen Turnierhundsport läuft der Hund auch nicht auf der gleichen Höhe wie der Mensch, sondern eilt ihm voraus oder bleibt kurzzeitig hinter ihm, ohne dabei den Kontakt zu verlieren. Der Hundeführer versucht das Tier immer im Blick zu haben, auch wenn er die Führhand wechseln muss, der Hund also auf die andere Körperseite des Hundeführers kommt. Dazu nutzt das Team bestimmte Techniken des Wechsels:

Beim Belgischen Wechsel (Wechsel vor dem Hund) wird in einer Wende die Führhand gewechselt, um den Blickkontakt zum Hund beizubehalten. Dieser Wechsel ist Zeit sparend im Parcours, weil viele Hunde durch die Drehung des Hundeführers schneller zu laufen beginnen und der Laufweg des Hundes (Kurvenradius!) verkürzt wird.
Beispiel: Ausgangssituation Hund hinten links vom Hundeführer;
Ziel: 90° Rechtsdrehung und Wechsel des Hundes auf die rechte Seite;
Durchführung: 270° Linksdrehung des Hundeführers.
Der Französische Wechsel (auch blinder Wechsel oder Japaner genannt, Wechsel vor dem Hund) wird verwendet, um Mittels einer Drehung des Körpers die Führhand zu wechseln, dabei geht der Blickkontakt zum Hund kurzfristig verloren. Dieser Wechsel spart Zeit im Parcours, da man die Laufrichtung nicht ändert, wenn man sich weit genug vor dem Hund befindet.
Je nach Gegebenheiten im Parcours ist es manchmal notwendig, hinter dem Hund zu wechseln (back cross). Dabei wird der Hund über ein Hindernis vorausgeschickt und hinter ihm seine Laufinie gekreuzt. Der Wechsel hinter dem Hund wird meist nur eingesetzt, wenn kein anderer Wechsel möglich ist, da viele Hunde dadurch die Sequenz langsamer bewältigen.
Kontaktzonenhindernisse
Einen besonderen Stellenwert nehmen die Kontaktzonenhindernisse ein. Diese Hindernisse haben gekennzeichnete Bereiche, die Kontaktzonen, die der Hund zwingend berühren muss. Sie wurden erdacht, um den Hund abzubremsen und damit die Be-

lastung seiner Gelenke zu verringern. Der Hund darf nun nicht mehr im weiten Satz auf- oder abspringen. Die Kontaktzonen sind farblich abgesetzt, die Farbe auch an den Seiten aufgebracht, damit ein Fehler besser erkannt werden kann. Die früher oft übliche Kombination „gelbes Hindernis mit roten Kontaktzonen" ist die schlechteste Wahl, da der Hund diesen Farbunterschied kaum wahrnehmen kann (siehe Farbwahrnehmung beim Hund). Neuere Hindernisse nutzen daher meist blau als Kontaktzonefarbe.

Größen- und Leistungsklassen

Gestartet wird je nach Reglement in 2 bis 4 Größenklassen, in welche die Hunde nach Widerristhöhe eingeteilt werden:

Mini und Maxi (IRJGV in Deutschland)
Small, Medium und Large (FCI und IMCA international, VDH in Deutschland, SKG in der Schweiz, sowie ÖKV und ÖHU in Österreich)
Toy, Mini, Midi und Maxi (IFCS)
In den verschiedenen Größenklassen wird die Höhe der Hindernisse der Größe der Hunde dieser Klasse angepasst.

Je nach Leistungsstand der Teams starten diese entweder in einer der drei Leistungsklassen oder in Senioren- bzw. Beginner-Klasse. Die Schwierigkeit wird gesteigert durch eine etwas größere Höhe der Hindernisse, vor allem aber durch einen anspruchsvolleren Parcoursbau. In den hohen Leistungsklassen ist es durchaus üblich, dass gerade hinter einem Hindernis ein weiteres steht, das jedoch nicht im Anschluss an dieses überwunden werden darf. Ebenso kann der Parcours dicht an Hindernissen gerade vorbei führen. Hier ist eine saubere Führtechnik und äußerste Konzentration beider Teampartner gefragt.

Mantrailing

Mantrailing (engl. man „Mensch" und trail „verfolgen") ist die Personensuche unter Einsatz von Gebrauchshunden, die Mantrailer oder Personenspürhunde genannt werden. Dabei wird der hervorragende Geruchssinn der Hunde ausgenutzt.

Der Unterschied zwischen einem Mantrailer und anderen Suchhunden besteht darin, dass der Mantrailer bei der Suche verschiedene menschliche Gerüche voneinander unterscheiden kann und sich trotz vieler Verleitungen ausschließlich an den Geruchsmerkmalen der gesuchten Person orientiert.

Mantrailer können auch innerhalb von Gebäuden und bebauten Flächen eingesetzt werden.

Duftspur

Beim Mantrailing werden die Duftmoleküle der Zielperson gesucht, und nicht die Bodenverletzungen wie bei der Fährtenarbeit. Beim Mantrailing wird als Geruchsträger der Individualgeruch der zu suchenden Person verwendet. Die Qualität des Geruchsträgers ist entscheidend für den Verlauf der Suche.
Ein Mensch verliert ständig Hautschuppen – in jeder Minute Tausende. Die Hautpartikel werden verwirbelt und verstreut, wenn der Mensch sich bewegt. Neben Hautzellen enthalten die Schuppen häufig weitere Be-

standteile, beispielsweise Rückstände von Kosmetika. Eine verletzte Person verliert darüber hinaus Blut, das sich dann auf der Spur befindet. Durch das Einwirken von Bakterien auf die menschlichen Zellen entsteht der Geruch, dem der Hund folgt. Die Duftspur des Menschen driftet zum Beispiel durch Windeinwirkung und Sonneneinstrahlung ab, verdünnt sich an einigen Stellen und verdichtet sich dafür eher an windgeschützten Stellen. Menschliche Zellen bleiben über unterschiedlich lange Zeiträume erhalten: Hautzellen etwa 36 Stunden, rote Blutkörperchen dagegen etwa 120 Tage. Das allein begrenzt schon die Haltbarkeit einer Duftspur. Zusätzlich kommen Einflüsse wie Witterung, die schon erwähnten chemischen Substanzen, und weitere Stoffe hinzu, die für eine längere oder kürzere Haltbarkeit der Duftspur verantwortlich sind.

Besonders geeignete Rassen

Oftmals werden für das Mantrailing Rassen wie Bloodhound oder Schweißhunde favorisiert, doch haben sich auch Rassen wie zum Beispiel Schäferhund und Golden Retriever in der Praxis bewährt. Die erzielten Leistungen hängen weitgehend rasseunabhängig von den individuellen Fähigkeiten des Hunds ab, eine besondere Eignung der Rasse Bloodhound (die oft behauptet wird) besteht nicht.

Mantrailer im Einsatz

Im Bereich der Rettungshundearbeit werden immer mehr Mantrailer ausgebildet. Durch den Einsatz der Mantrailer kann in der Regel eine Hinwendungsrichtung der vermissten Person vorgegeben werden. Somit ist es möglich, die Flächensuchhunde gezielter einzusetzen und größere abzusuchende Flächen entsprechend zu priorisieren. Das Zusammenspiel zwischen Mantrailer und Flächensuchhunden steigert die Effizienz bei der Vermisstensuche. Es werden jedoch, je nach Situation und Anforderer, auch ausschließlich Mantrailer oder Flächensuchhunde bei der Vermisstensuche eingesetzt.

Die Polizei Rheinland-Pfalz berichtete bereits 2004 von der erfolgreichen Ausbildung und Indienststellung eines Malinois-Rüden als erster Personenspürhund, der sich von einem klassischen Fährtenhund unterscheidet. Im Jahr 2009 wurden allerdings erneut drei Diensthunde, Bayerische Gebirgsschweißhunde, als die ersten ausgebildeten Personenspürhunde in Rheinland-Pfalz vorgestellt. Seit Juli 2009 setzt die Polizei Nordrhein-Westfalen ausgebildete Mantrailer als Diensthunde ein. Insgesamt sechs Teams wurden in einer zweijährigen Ausbildung beschult. Bei der Polizei Niedersachsen begann die zweijährige Ausbildung von drei Hunden im Oktober 2010.

Jedoch gibt es auch zahlreiche Mantrailer-Teams, die ihre Dienste ohne die erforderliche Ausbildung und ohne professionelle Prüfung anbieten. In diesem Zusammenhang wird auch vor unrealistischen Aussagen über die Haltbarkeit von Geruchsspuren gewarnt.

Schutzdienst: beste Lehrzeit für Hund und Mensch

Schutzdienst, die Königsdisziplin der Hundearbeit, ist kein Selbstzweck und soll auch nicht nur dazu dienen, bestimmte Aufgaben mit Hilfe eines Tiers zu erledigen. Schutzdienst ist auch eine der Grundvoraussetzungen für die Erhaltung der Rasse in ihrer bisherigen Qualität. Dabei stellen weder die Ausbildung noch der Sport selbst eine Gefahr für andere dar. Eher ist das Gegenteil richtig: Gerade der sportlich aktive, im Schutzdienst sichere und energische Hund zeigt sich Menschen gegenüber als gutartig und friedlich. Er kann sich im Schutzdienst-Sport austoben – und genau das schafft die Ausgeglichenheit, die von dem Tier gefordert wird.

Die Voraussetzung einer gezielten Schutzhundausbildung beruht deshalb immer auf dem inneren Zusammenhang zwischen Triebveranlagung, Belastbarkeit und Selbstsicherheit. Eine wichtige Rolle spielt dabei die ererbte Freude an der Auseinandersetzung, nicht zu verwechseln mit Aggression und Schärfe. Belastbarkeit, die andere Voraussetzung, setzt physische Robustheit voraus, Gesundheit und damit auch die körperliche Fähigkeit zu Leistung. Als Selbstsicherheit werden die Fähigkeit und der Wille, auch in kritischen und gefährlichen Situationen zu helfen, gewertet. Sind diese Eigenschaften in einem Junghund erkannt, eignet er sich voraussichtlich für eine Schutzhundausbildung – vorausgesetzt, auch seine Belastbarkeit erlaubt das anstrengende Training. All das richtig einzuschätzen, ist Aufgabe und Leistung des Besitzers und Ausbilders.
Ausbildung zum Schutzhund – das ist für viele Hundesportler die Krönung ihres Zusammenlebens mit dem Tier an ihrer Seite. Hier kann der Hund mehr als Kunststückchen machen, ist ein anderer als nur der amüsante Begleiter, nicht nur ein daneben lebendes Stück Naturersatz. Schutzhunde sind beste Familienmitglieder aus eigenem Wollen und mit eigenem Urteilsvermögen.

Erfahrene Ausbildungswarte in den Ortsgruppen des SV stehen bei der Ausbildung mit Rat und Tat zur Seite und bereiten die Hundeführer und ihre Tiere auf die Schutzhundprüfung vor, die später von SV-Leistungsrichtern abgenommen wird. Die Schutzhundprüfung umfasst die Sparten Fährtenarbeit, Unterordnung und Schutzdienst.

Leistungshüten

Das Leistungs-Hüten hat sich aus der täglichen Arbeit des Hütehundes an der Herde entwickelt. Für den Berufsschäfer ist der Hund ein wichtiges Hilfsmittel zur Bewältigung der alltäglichen Arbeit. Schon die ersten Großveranstaltungen des Vereins waren Wettbewerbe im Leistungshüten, auf denen sich die Mitglieder, damals ohnehin viele Schäfer und Schäfermeister mit ihren Hunden, vergleichen konnten.

Auch heute noch veranstaltet der Verein auf Landesgruppen-Ebene solche Ausscheidungen, und einmal im Jahr kommen die SV-Mitglieder zum Bundesleistungshüten zusammen. Dort wird dann der beste Herdengebrauchshund (HGH) ermittelt. Fast alle Teilnehmer daran sind aktive Schäfer, deren Tiere tagtäglich Dienst bei der Herde tun. Bewertet wird dabei sowohl die Leistung der Menschen als auch die der Hunde.

L

Zusammen müssen Zwei- und Vierbeiner vor der Jury in einem Hütedurchgang eine Vielzahl von Aufgaben lösen. Im normalen Alltag würde das Situationen entsprechen, wie sie immer wieder beim Führen einer Herde von etwa 300 Schafen vorkommen können.

Der Hütedurchgang an der Prüfung spiegelt deshalb in Kurzform den Tagesablauf eines Hütehundes wieder; vom Treiben der Schafe zum Pferch-Ausgang über das enge und das weite Gehüt mit verschiedenen Aufgabenstellungen bis zum Einpferchen, also der Rückkehr der Schafe in den Pferch. Dies alles geschieht ohne jeden Zeitdruck. Benotet werden die Genauigkeit der Ausführung, die Selbstständigkeit des Hundes, die Führung von Herde und Hund durch den Schäfer und dergleichen.

Fährtenhunde: der richtige Riecher entscheidet

Was Menschen mit den Augen erfassen, „sieht" der Hund durch die Nase: Informationen über seine Umwelt, aus denen im Hundehirn deren genaues Abbild entsteht. Schäferhunde sind darin besondere Meister. Die Anatomie seiner Nase gibt dem Hund diesen Vorteil. Drei Nasengänge unterschiedlicher Weite, Ausformung und Länge bilden beim Deutschen Schäferhund das Riechfeld. Dadurch kann das Tier die beim Atmen einströmende Luft noch aus 150 Zentimeter Entfernung auf geringste Geruchseindrücke untersuchen. Beginnt der Hund dann noch intensiv zu schnüffeln, sorgt die höhere Frequenz des Atemholens dafür, dass bestimmte Gerüche noch genauer identifiziert werden.
Dieser Geruchssinn erklärt die Fähigkeit vieler Hunde, auf einer Duftspur das Zuhause wieder zu finden. Auf ihm basiert die Spürleistung, Schäferhunde zu den unentbehrlichen Helfern auf der Suche nach Verschütteten, vermissten Personen und verscharrten Opfern eines Verbrechens zu machen. Auch Erfolge bei der Rauschgift- oder Sprengstoff-Fahndung hängen von der feinen Hundenase ab.

Allerdings: Kein Tier kommt bereits als fertiger Fährtenhund zur Welt – erst sein menschlicher Ausbilder macht ihn dazu. Er muss ihm vor allem beibringen, sich beim Absuchen einer Spur nicht durch andere Geruchseindrücke ablenken zu lassen. Hat der Hund dann auch noch eine Veranlagung zum Fährtenlesen, kann mit seiner Ausbildung relativ früh begonnen werden: Im Gegensatz zu anderen von Gebrauchshunden geforderten Leistungen belastet Spurensuche den Hundekörper nicht extrem. Für die Entwicklung von Körperbau, Bändern und Gelenken stellt sie deshalb auch kein Risiko dar. Schon das heranwachsende Tier kann behutsam, ohne Überanstrengung zur Fährtenarbeit erzogen werden.

Ein großer Schritt in Richtung der ersten Prüfung als Fährtenhund ist damit getan. Dieses Examen gibt es als selbständige Prüfungsart (FH1 und FH2), immer aber ist Fährtenarbeit auch Bestandteil jeder Vielseitigkeits- bzw. Schutzhundprüfung. Auf Veranstaltungen des SV ist dafür die Prüfungsordnung des VDH maßgeblich.

Quelle für die Seiten 124/125: Verein für Deutsche Schäferhunde e. V.

M

Mit dem Hund in den Urlaub

Wenn Sie sich einen Schäferhund anschaffen, sollte eines für Sie völlig klar sein: dieser Hund begleitet Sie auch im Urlaub!

Ihr DSH will dabei sein, ganz gleich, wohin Sie Ihre Reise auch führt. Und er wird auch zu dieser Zeit ein besonders aktiver und immer gut gelaunter Begleiter sein.

Foto: Donna Valentine

Eine Gruppe Deutscher Schäferhunde mit Kind

Wenn einer eine Reise tut...

...dann sicher nicht ohne Hund, oder?!
Nur wenn es unvermeidbar ist, sollten Sie Ihren DSH während des Urlaubs in eine gute Hundepension oder ein Hundehotel geben, besser ist da schon, ihn während dieser Zeit bei einem guten Freund zu „parken", den er möglichst auch schon kennt.

Am besten ist es, die Reise so zu planen und auszurichten, dass Ihr Vierbeiner auch mit kann, schließlich will er auf jeden Fall mit Ihnen zusammen sein - auch während der Ferien. Und wenn man einige grundlegende Dinge beachtet, ist es auch gar nicht so schwer, den eigenen Hund mit in den Urlaub zu nehmen.
Wer mit Hund in die Ferien startet, wird meist das eigene Auto benutzen, nur wenige Tierhalter wählen das Flugzeug oder die Bahn für die Reise, schließlich bietet der eigene Wagen eine Menge Vorteile: Sie können alles mitnehmen was Sie für Ihren Hund benötigen und haben diese Dinge auch stets griffbereit. Sie selbst entscheiden wann und wie lange Sie Pausen einlegen und auch am Urlaubsort bleiben Sie nebenbei mobil. Bitte sorgen Sie unbedingt dafür, dass Ihr Hund verkehrssicher untergebracht ist - dies dient nicht nur seiner und Ihrer Sicherheit, sondern ist auch Pflicht bei Fahrten mit dem Auto.

So reisen Sie sicher

> Mit dem Auto

Ein kleiner Hund wie Ihr Welpe darf auf dem Boden vor dem Beifahrersitz untergebracht werden - es muss allerdings sichergestellt sein, dass Ihr Beifahrer genügend Beinfreiheit hat, sonst wird die Fahrt schnell zur Qual. Es gibt Hunde, denen schlecht wird, wenn sie während der Fahrt nicht aus dem Fenster gucken können - ist Ihrer für solche Reisekrankheiten anfällig, gehört er auf jeden Fall auf den Rücksitz. Dort gilt auch für ihn die Anschnallpflicht. Es gibt verschiedene Gurtsysteme, die universell in praktisch jedes Fahrzeug passen. Sie geben dem Hund Halt, belassen ihm aber auch die nötige Bewegungsfreiheit. Sicherheitsgurte bekommen Sie im Zoofachmarkt und natürlich bei den bekannten Versandhänd-

Wichtig:

Hunde können übermäßige Wärme nur durch Hecheln und über Zunge und Mundschleimhaut abgeben. Die wenigen Schweißdrüsen auf den Sohlenballen können nicht wirklich zu einer Regulierung der Körpertemperatur beitragen. Im Gegensatz zu uns kann Ihr Schäferhund also praktisch nicht schwitzen und ist daher besonders anfällig gegen Hitze.
Achten Sie auf jeden Fall darauf, dass er keinen zu hohen Temperaturen ungeschützt ausgesetzt ist und halten Sie für ihn immer frisches Wasser bereit.

lern. Am besten besorgen Sie dort auch gleich eine Sicherheitsdecke, die zwischen Vorder- und Rücksitzen angebracht wird - sie verhindert, dass der Hund während der Fahrt nach vorne kommt oder bei starkem Bremsen zwischen die Sitze stürzt.

Nehmen Sie Rücksicht.
Spätestens alle 2 Stunden sollten Sie eine Pause machen, im Sommer öfter. Leinen Sie den Hund an, bevor Sie die Fahrzeugtüre öffnen und machen Sie einen kleinen Spaziergang, damit er sich lösen kann. Auf jeden Fall sollten Sie ihm frisches Wasser und einen gesunden Snack anbieten.
Hunde sind besonders empfindlich gegen Hitze. Sorgen Sie für frische, kühle Luft - am besten über die Klimaanlage. Fahren Sie nicht mit offenen Fenstern oder im geöffneten Cabrio - Ihr Hund kann sich im Fahrtwind schnell eine Augenentzündung holen oder sogar aus dem Auto springen.
Pflegen Sie einen sanften Fahrstil. Verzichten Sie auf ruckartiges Beschleunigen und scharfes Bremsen, nehmen Sie in den Kurven Gas weg.

Fahren Sie eher langsamer. Manche Hunde beunruhigt beim schnellen Fahren das Tempo und die Reifengeräusche sehr.

> Mit dem Flugzeug

Die einzelnen Fluggesellschaften haben völlig unterschiedliche Transportbedingungen und Tarife für die Beförderung von Hunden, erkundigen Sie sich daher möglichst frühzeitig danach. Während große Hunde in einer speziellen Transportbox im Frachtraum untergebracht werden, hat Ihr Welpe Glück. Kleine Hunde bis etwa 8 kg dürfen in einer Transporttasche als "Handgepäck" in der Kabine mitfliegen. Doch auch hier sind die Plätze begrenzt - buchen Sie daher rechtzeitig. Die Unterbringung im Frachtraum dagegen bedeutet extremen Stress für Ihren Hund und sollte, wenn überhaupt, nur im Ausnahmefall und für einen längeren Urlaub in Frage kommen.

> Mit der Bahn

Fast überall in Europa ist für Bahnfahrten mit Hund zusätzlich ein Ticket im Kindertarif zu lösen, mitunter zahlen Sie auch den halben Preis Ihres Tickets. Kleine Hunde wie Ihr Welpe dürfen oftmals sogar kostenlos mitreisen - bitte erkundigen Sie sich aber vor der Reise bei der Bahngesellschaft. Im Zugrestaurant haben Hunde keinen Zutritt, in den Schlaf- oder Liegewagen darf Ihr Schäferhund nur, wenn Sie das gesamte Abteil anmieten.

Der EU-Heimtierpass

Innerhalb der Europäischen Union ist auf Reisen der EU-Heimtierpass unerlässlich. Sie bekommen ihn von Ihrem Tierarzt (bzw. schon beim Kauf vom Züchter). Neben Angaben zum Hund sind auch Impfstatus und die Mikrochip-Nummer eingetragen.

Seit Januar 2011 reicht eine Tätowierung zur Identifikation nicht mehr aus - der Chip ist Pflicht! Besonders wichtig ist der Nachweis einer gültigen Tollwutimpfung, diese muss mindestens 30 Tage vor der Reise erfolgt sein und darf nicht älter als 1 Jahr sein. In einigen Ländern bestehen besondere zusätzliche Bedingungen, die sich auch von Zeit zu Zeit ändern.

Worauf Sie achten sollten.

Unterkunft
Informieren Sie Hotel oder Ferienwohnung vor der Anreise, dass Sie einen Hund mitführen und reservieren Sie einen Platz für Korb, Futter- und Wassernapf. Verhindern Sie ein Weglaufen Ihres Hundes in der fremden Umgebung, halten Sie insbesondere die Zimmertüre geschlossen. Sorgen Sie dafür, dass das Hotelpersonal Ihr Zimmer nicht betritt, wenn Ihr Hund einmal alleine dort sein sollte.

Gewohnheiten
Halten Sie am bisherigen Tagesrhytmus fest. Die Zeiten für Fütterung und Gassi gehen sollten Sie am besten nicht ändern.

Ernährung
Nehmen Sie das gewohnte Fertigfutter in ausreichender Menge von zu Hause mit, so ersparen Sie Ihrem Hund die Futterumstellung. Sofern Sie Ihren Hund roh ernähren, wird sich entsprechendes Futter i. d. R. auch am Urlaubsort erwerben lassen.

Foto: Fred Tabert

„Sandbad" am Strand

Klima
Südliche Sonne mag für uns Menschen eine Wohltat und willkommene Abwechslung zu den vergleichsweise kühlen Temperaturen bei uns sein, für Hunde ist es alles andere. Gemeinsame Aktivitäten sollten Sie auf die kühleren Tageszeiten legen, damit sie nicht zur Qual für Ihren Schäferhund werden.

Am Strand
Bleiben Sie mit Ihrem Hund nicht länger als 2 Stunden am Strand und bieten Sie ihm auf jeden Fall einen wirklich schattigen Platz an. Er muss jederzeit frisches Wasser zu sich nehmen können und nach einem Bad im Meer muss sein Fell immer mit Frischwasser abgespült werden. Beachten Sie Strandverbote - nicht überall darf Ihr Vierbeiner mit, mitunter gibt es unterschiedliche Regelungen für verschiedene Tageszeiten.

Versicherung
Prüfen Sie vor Reiseantritt, ob Ihre Tierhaftpflichtversicherung auch im Ausland gilt und passen Sie den Versicherungsumfang nötigenfalls unbedingt an.

Registrierung
Spätestens jetzt sollten Sie Ihren Hund bei TASSO (s. Serviceseiten) registrieren lassen. Das ist genauso kostenlos wie der Suchdienst, falls Ihr Schäferhund Ihnen im Urlaub abhanden kommen sollte.

Es versteht sich von selbst, dass Ihr Hund gechipt sein muss, darüber hinaus sollten Sie ihn aber auch eine Marke tragen lassen, die Ihre Heimat- und Urlaubsadresse sowie Ihre Handynummer verrät. So kann er dann leichter zu Ihnen zurück gebracht werden, wenn er mal ausgebüchst ist.

Service

Rassezuchtvereine

Ich habe bereits mehrfach im Buch darauf hingewiesen, dass Sie einen Welpen am besten von einem verantwortungsvollen Züchter kaufen, der dem VDH, der SKG oder dem ÖKV angeschlossen ist. Solche Züchter sind in Rassezuchtvereinen organisiert, die ein strenges Zuchtreglement haben. Für den Schäferhund sind dies folgende Vereine in Deutschland:

Verein für Deutsche Schäferhunde (SV) e.V. Hauptgeschäftsstelle
Steinerne Furt 71, 86167 Augsburg, Deutschland
Tel.: 08 21 7 40 02-0, Fax: 08 21 7 40 02-9 03
E-Mail: sekretariat@schaeferhunde.de, Internet: www.schaeferhunde.de

Schäferhundverein RSV2000 e.V. - Geschäftsstelle-
Berlinerstr. 70. 34346 Hann. Münden, Deutschland
Tel.: 0 55 41 29 92
E-Mail: service@rsv2000.de, Internet: www.rsv2000.de

Dachverbände

in Deutschland:
Verband für das Deutsche Hundewesen (VDH) e. V.
Westfalendamm 174, 44141 Dortmund
Tel.: 0231 5 65 00-0, Fax: 0231 59 24 40
E-Mail: info@vdh.de, Internet: www.vdh.de

in der Schweiz:
Schweizerische Kynologische Gesellschaft
Brunnmattstrasse 24, CH-3007 Berne
Tel.: +41 (0)31 306 62 62, Fax: +41 (0)31 306 62 60
E-Mail: info@skg.ch, Internet: www.skg.ch

in Österreich:
Österreichischer Kynologenverband
Siegfried Marcus-Str. 7, A-2362 Biedermannsdorf
Tel.: +43-(0)2236/710 667, Fax: +43-(0)2236/710 667- 30
E-Mail: office@oekv.at, Internet: www.oekv.at

Tasso. Das Tierregister

Schon mal versucht, 2 grau getigerte Katzen zu unterscheiden? Ein schwieriges Unterfangen!

Geprägt durch jahrelange Erfahrungen haben sich Tierärzte, Tierschutzvereine, Behörden, Zuchtvereine und viele private Initiativen in einem „stillen" Konsens auf die Notwendigkeit einer Markierung von Haustieren geeinigt.
Denn was passiert, wenn z.B. die oben erwähnte grau getigerte Katze in einem Tierheim abgegeben wird und dieses versucht, den Besitzer zu ermitteln?
Ohne Kennzeichnung - also Tätowierung oder Transponder - sind alle Katzen grau. Und das nicht nur nachts!

Ähnlich sieht es natürlich bei Hunden, wie Ihrem Schäferhund, aus. Wer nicht gekennzeichnet ist, findet nur schwer den Weg zurück nach Hause.
Ca. 75 % der gekennzeichneten Fundtiere werden zurückvermittelt. Im Gegensatz hierzu liegt die Erfolgsquote bei nicht gekennzeichneten Tieren bei lediglich 1%.
Zu der Gründungszeit des Haustierzentralregisters von TASSO e.V. vor 25 Jahren spielten zweifelsohne auch andere Beweggründe für die Tierkennzeichnung eine Rolle. Damals florierte ein Gewerbe, das durch gesetzliche Regelungen und staatliche Kontrollen mittlerweile gänzlich ausgestorben ist: der illegale Tierdiebstahl und –handel zu Versuchszwecken.
Heute kann sich das TASSO-Team voll und ganz auf die Rückvermittlung entlaufener Tiere konzentrieren, getreu dem Motto: Komm zurück. Mit TASSO!

Aus Tradition gut - aus Leidenschaft besser.

Das Haustierzentralregister von TASSO wurde 1982 in Hinblick auf vermehrt auftretende Tierdiebstähle und Nachfragen von Tierschutzvereinen ins Leben gerufen. TASSO hat sich dabei auf das Registrieren und Rückvermitteln von Tieren spezialisiert. Sitz der weltweit tätigen Organisation ist Hattersheim bei Frankfurt.
In der TASSO-Zentrale werden von über 50 Mitarbeitern täglich 2.000 Meldungen über vermisste und gefundene Tiere entgegengenommen und Tiere an ihre rechtmäßigen Besitzer zurückvermittelt. TASSO steht in Verbindung mit sämtlichen Tierheimen, Tierschutzvereinen und den meisten Tierärzten in Deutschland und führt die größte Haustierdatenbank Europas.
Kein Wunder also, dass bereits über 3,9 Millionen Tierhalter und fast alle Tierärzte Deutschlands TASSO vertrauen!

Melden Sie Ihren Schäferhund so früh wie möglich beim Haustierregister an:

TASSO e.V.
Abt. Haustierzentralregister
Frankfurter Str. 20
65795 Hattersheim
Tel. +49 (0) 6190.93 73 00
Fax +49 (0) 6190.93 74 00
E-Mail info@tasso.net
www.tasso.net

TASSO e.V.

Kynologische Fachbegriffe

Kynologische Fachbegriffe, die im Zusammenhang mit Hunden oder der Hundezucht auftauchen, haben oft eine ganz besondere Bedeutung, die in vielen Fällen von der Alltagsbedeutung abweicht. Beispielsweise bedeutet „trocken" nicht die Abwesenheit von Nässe, sondern bezieht sich auf das Aussehen bzw. eine Eigenschaft der Haut. Solche Fachbegriffe sind zwar für den Laien oft unverständlich oder sogar missverständlich, erleichtern aber die Kommunikation unter Fachleuten. Ihre Herkunft liegt oft weit in der Vergangenheit. Viele stammen aus dem Englischen, denn in England nahm die gezielte Rassezucht ihren Anfang. Aufgrund der verbreiteten Verwendung von Jagdhunden bestehen zum Teil auch Überschneidungen mit der Jägersprache.

A
- Abzeichen: regelmäßige und unregelmäßige Flecken im Fell

B
- Befederung: langes Haar an Ohren, Brust, Läufen und Rute
- Behang: herabhängende Ohren, typisch für einige Jagdhunde
- Belegen: Hündin decken lassen
- Berußung: siehe Charbonnage
- Black and Tan: Fellfarbe: Schwarz und Loh
- Blau: Fellfarbe: anthrazitgrau bis stahlblau, bedingt durch das Dilute-Gen
- Blesse: weißer Streifen auf der Stirn
- Brand: bei dunkelfarbigen Hunden die helleren Abzeichen an Augen, Fang, Körperunterseite

C
- Charbonnage, auch Berußung: Fellfarbe: die einzelnen, helleren Haare haben eine schwarze Spitze, was den Eindruck vermittelt, als habe man dem Hund mit berußter Hand über das Fell gestrichen

D
- Deckakt: Begattung
- Decken: begatten
- Drahthaar: kurzes, hartes Deckhaar, meist mit Bart am Fang

F
- Fahne: lange herabhängende Behaarung an der Rute
- Fährte: die auf dem Erdboden hinterlassenen „Fußabdrücke"
- Fang: Schnauze des Hundes

- Federn: Befederung, halblange, fransenartige Behaarung an den Läufen
- Fehlfarbe: nicht im Rassestandard vorgesehene Fellfarbe
- Figurant (Scheintäter): Helfer in der Schutzhundeausbildung und beim Mondioring, stellt in Schutzkleidung (wattiert, abgesteppt) einen Angreifer nach
- Flanken: seitliche Bauchregion

G

- Gangwerk: Bewegungsweise des Hundes, meist im Trab
- Gebäude: der Körperbau des gesamten Hundes
- Geläut: bellen der jagenden Hundemeute
- Gestromt: Fellfarbe: dunklere Querstreifen auf hellerem Fell, ähnlich wie beim Tiger, aber nicht so auffällig
- Getigert: Fellfarbe: tigerartige, unregelmäßige Farbflecken auf andersfarbigem Fell
- Glasauge: helles Auge mit pigmentloser Iris

H

- Halsung: Halsband
- Hängen: Zustand während des Deckakts, bei dem der Penis des Rüden in der Vagina der Hündin verankert ist
- Hasenpfote: ovale, flache Pfote
- Hitze: die Hündin ist empfangsbereit, kann gedeckt werden
- Hosen: lange Haare an der Rückseite der Oberschenkel

K

- Katzenpfote: runde, geschlossene Pfote mit gewölbten Zehen
- Kippohr: aufrecht stehendes Ohr, dessen Spitze nach vorne abkippt
- Knopfohr: hoch angesetztes, nach vorn fallendes, am Kopf anliegendes Ohr
- Koralle: spezielles Halsband, das mit Stacheln versehen ist und dem Hund auf Zug Schmerzen zufügt.
- Körung: Auswahl, Begutachtung von Zuchttieren
- Kruppe: das Körperteil zwischen Kreuzbein, den ersten 4 Schwanzwirbeln und Hüfthöcker des Beckens

L

- Lauf (Pl. Läufe): Bein des Hundes
- Läufigkeit: Hitze, Brunftzeit der Hündin; der Zeitraum zwischen 2 Läufigkeiten beträgt zwischen 6 Monaten und einem Jahr
- Laut geben: bellen
- Lefzen: Lippen

M

- Mantel: Fellfarbe: Farbverteilung im Fell, der meist dunkle Farbfleck liegt wie ein Decke auf dem Rücken des Hundes
- Maske: dunkler pigmentierter Fang oder ganzer Gesichtsschädel
- Merle: Fellfarbe: Farbvariation des Fells bei Hunden und besonders in der Colliezucht stark verbreitet; verursacht unregelmäßige weiße Flecken im Fell

N

- Nickhaut: das dritte Augenlid beim Hund

P

- Pfeffer und Salz: Fellfarbe: dunkles Deckhaar mit hellen Spitzen
- Platten: Fellfarbe: großflächige andersfarbige Fellflecken

R

- Rosenohr: das innere Ohr ist auf der Rückseite nach innen gefaltet, der obere Rand rückwärts und vornüber gebogen, das Innere der Ohrmuschel ist so teilweise sichtbar. Typisch für okzidentale Windhunde und Englische Bulldoggen.
- Rüde: männlicher Hund
- Rute: Schwanz

S

- Sattel: Fellfarbe: Großer dunkler Fleck auf dem Rücken auf hellerem Hintergrund
- Schecke: Fellfarbe: mehrfarbiger Hund, dessen Mantel in kleinere Inseln oder Flecken unterteilt ist
- Scherengebiss: Unterkieferschneidezähne liegen knapp hinter den Schneidezähnen der Oberkiefers
- Schimmel: Fellfarbe: weißgrundiges Fell mit kleinen, verschwommenen Flecken
- Schnüren: Gangart, bei der die Pfoten in einer geraden Linie hintereinander den Boden berühren
- Schussfest: ein Hund, der bei Abgabe eines Schusses nicht erschrickt, ist schussfest (wichtig z. B. bei Jagd- oder Diensthunden)
- Spurlaut: Hetzlaut des Hundes auf der Spur, ohne das die Beute sichtbar sein muss, Spurverfolgungsbellen; auch als Adjektiv: "Der Hund ist spurlaut"
- Standlaut: der Laut, den der Jagdhund äußert, wenn er vor dem gestellten Wild steht
- Stichelung: Fellfarbe: Einzelne weiße Haare auf dunklem Hintergrund.
- Stockhaar: das ursprüngliche Haarkleid des Hundes/des Wolfes, mit dichter Unterwolle und mittellangen Grannenhaaren als Deckhaar
- Stop, auch Stopp: Stirnansatz zwischen Schädel und Nasenbein, etwa die Augenpartie

T

- Tan: gelbbraune, lohfarbene Fellfarbe
- Totverbeller: ein Jagdhund, der vor dem verendeten Wild Laut gibt, bis sein Führer bei ihm ist
- Tricolor, Trikolor: Fellfarbe: dreifarbig, deutlich voneinander abgegrenzt
- Trocken: dünne Haut, fettarmes Unterhautbindegewebe, so sind Muskeln, Sehnen und Knochenvorsprünge erkennbar
- Tulpenohr: aufrecht getragenes Ohr mit abgerundeter Ecke, leicht nach vorn gebogene Kante (wie das Blütenblatt einer Tulpe), z. B. bei der Französischen Bulldogge und beim Mops

U

- Überbiss: die Schneidezähne des Oberkiefers überragen die des Unterkiefers
- Unterwolle: dichtes weiches Fell unter dem Deckhaar, siehe Wollhaar

V

- Vorbiss: die Schneidezähne des Unterkiefers stehen vor denen den Oberkiefers

W

- Wamme: lockere Kehlhaut
- Welpe: Junghund bis etwa zum zweiten Lebensmonat
- Werfen: von Wurf: gebären
- Widerrist: Schulter, höchster Punkt der Rückenlinie

Z

- Zangengebiss: die Schneidezähne von Ober- und Unterkiefer stehen genau aufeinander

N

FCI-Rassestandard

Der Schäferhund ist -natürlich- ein Rassehund. Das bedeutet, dass fachkundige Züchter sich darum bemühen, diese Rasse so gesund zu erhalten wie eben möglich und die Eigenschaften zu fördern, die man sich von einem Schäferhund wünscht.

Wie er sein soll, ist daher in einem so genannten Rassestandard festgelegt, der für alle verbandsangehörigen Züchter bindend ist.

Foto: Arnold Jakobtorweihen

Was für ein Hund!
Jango vom Patersweg

FCI - Standard Nr. 166 / 23.12.2010 / DE

URSPRUNG: Deutschland

DATUM DER PUBLIKATION DES GÜLTIGEN OFFIZIELLEN STANDARDS: 11.08.2010

VERWENDUNG : vielseitiger Gebrauchs-, Hüte-und Dienstgebrauchshund

KLASSIFIKATION FCI: Gruppe 1 - Hütehunde und Treibhunde
Sektion 1 - Schäferhunde
Mit Arbeitsprüfung

Kurzer geschichtlicher Überblick:
Nach den amtlichen Festsetzungen des Vereins für Deutsche Schäferhunde (SV) e.V., Sitz Augsburg, im Verband für das Deutsche Hundewesen -VDH-, der als Gründerverein der Rasse für den Rassestandard des Deutschen Schäferhundes verantwortlich zeichnet, aufgestellt in der ersten Mitgliederversammlung zu Frankfurt/M. am 20. September 1899, nach den Vorschlägen von A. Meyer und von Stephanitz, nebst den Ergänzungen der VI. Mitgliederversammlung am 28. Juli 1901, der XXIII. Mitgliederversammlung zu Köln/Rh. am 17. September 1909, der Vorstands-und Beiratssitzung zu Wiesbaden am 5. September 1930 und Zuchtausschuss-und Vorstandssitzung am 25. März 1961, im Rahmen der Weltunion der Vereine für Deutsche Schäferhunde -WUSV -, überarbeitet und bei der WUSV-Tagung am 30. August 1976 beschlossen, überarbeitet und katalogisiert mit Ermächtigungsbeschluss durch den Vorstand und Beirat vom 23./24. März 1991, geändert durch die Bundesversammlungen vom 25. Mai 1997, 31. Mai/ 01. Juni 2008 und 6./7. Juni 2009. Der Deutsche Schäferhund, mit dessen planmäßiger Züchtung im Jahre 1899 nach Gründung des Vereins begonnen wurde, ist aus den mitteldeutschen und süddeutschen Schlägen der damals vorhanden gewesenen Hütehunde herausgezüchtet worden mit dem Endziel, einen zu hohen Leistungen veranlagten Gebrauchshund zu schaffen. Um dieses Ziel zu erreichen, wurde der Rassestandard des Deutschen Schäferhundes festgelegt, der sich sowohl auf die körperliche Beschaffenheit wie auch auf die Wesens-und Charaktereigenschaften bezieht.

Allgemeines Erscheinungsbild:
Der Deutsche Schäferhund ist mittelgroß, leicht gestreckt, kräftig und gut bemuskelt, die Knochen trocken und das Gesamtgefüge fest.

Wichtige Maßverhältnisse:
Die Widerristhöhe beträgt für Rüden 60 cm bis 65 cm, bei Hündinnen 55 cm bis 60 cm. Die Rumpflänge übertrifft das Maß der Widerristhöhe um etwa 10 -17 %.

Wesen:
Der Deutsche Schäferhund muss vom Wesensbild her ausgeglichen, nervenfest, selbstsicher, absolut unbefangen und (außerhalb einer Reizlage) gutartig sein, dazu aufmerksam und führig. Er muss Triebverhalten, Belastbarkeit und Selbstsicherheit besitzen, um als Begleit-, Wach-, Schutz-, Dienst- und Hütehund geeignet zu sein.

Kopf
Der Kopf ist keilförmig, der Körpergröße entsprechend (Länge etwa 40 % der Widerristhöhe), ohne plump zu sein oder überstreckt zu sein, in der Gesamterscheinung trocken, zwischen den Ohren mäßig breit. Die Stirn ist von vorn und von der Seite gesehen nur wenig gewölbt und ohne oder mit nur schwach angedeuteter Mittelfurche.

Das Verhältnis von Oberkopf zu Gesichtsteil beträgt 50 % zu 50 %. Die Oberkopfbreite entspricht in etwa der Oberkopflänge. Der Oberkopf geht (von oben gesehen) von

Fédération Cynologique Internationale

Die Fédération Cynologique Internationale, kurz FCI, ist der größte kynologische Dachverband. Ihr Sitz ist Thuin (Belgien).
Ursprünglich gegründet am 22. Mai 1911 in Paris (Gründungsmitglieder waren Verbände aus Belgien, Deutschland, Frankreich, den Niederlanden und Österreich) und 1921 nach dem Ende des Ersten Weltkrieges wiederbelebt, umfasst sie per Juni 2010 84 Mitglieds- und Partnerländer.

Die FCI dient gemäß ihren Statuten dem Zweck, die Zucht und Verwendung von Rassehunden sowie die Kynologie und das Wohlergehen der Hunde weltweit zu fördern. Sie veröffentlicht Rassebeschreibungen in ihren Arbeitssprachen: Englisch, Französisch, Deutsch und Spanisch. Ihre Reglements sehen die ausschließliche gegenseitige Anerkennung der Zuchtbücher ihrer Mitglieds- und Partnerverbände vor.

Die drei anderen großen Dachverbände neben der FCI sind der britische Kennel Club (KC), der American Kennel Club (AKC) sowie der Canadian Kennel Club (CKC). Diese Verbände erkennen ihre Registrierungen gegenseitig an, soweit die entsprechenden Rassen anerkannt sind und haben Kooperationsabkommen geschlossen.

den Ohren zur Nasenkuppe sich gleichmäßig verjüngend mit schräg verlaufendem, nicht scharf ausgebildetem Stirnabsatz in den keilförmig verlaufenden Gesichtsteil (Fangteil) des Kopfes über. Ober-und Unterkiefer sind kräftig ausgebildet.

Der Nasenrücken gerade, eine Einsattelung oder Aufwölbung ist nicht erwünscht. Die Lippen sind straff, gut schließend und von dunkler Färbung.

Die Nase muss schwarz sein.

Das Gebiss muss kräftig, gesund und vollständig sein (42 Zähne gemäß der Zahnformel). Der Deutsche Schäferhund hat ein Scherengebiss, d.h. die Schneidezähne müssen scherenartig ineinandergreifen, wobei die Schneidezähne des Oberkiefers scherenartig die des Unterkiefers überschneiden. Auf-, Vor-und Rückbeißen ist fehlerhaft, ebenso größere Zwischenräume zwischen den Zähnen (lückenhafte Stellung). Fehlerhaft ist ebenso die gerade Zahnleiste der Schneidezähne. Die Kieferknochen müssen kräftig entwickelt sein, damit die Zähne tief in die Zahnleiste eingebettet sein können.

Die Augen sind mittelgroß, mandelförmig, etwas schrägliegend und nicht hervortretend. Die Farbe der Augen soll möglichst dunkel sein. Helle, stechende Augen sind nicht erwünscht, da sie den Ausdruck des Hundes beeinträchtigen.

Ohren
Der Deutsche Schäferhund hat Stehohren von mittlerer Größe, die aufrecht und gleichgerichtet getragen werden (nicht seitwärts eingezogen), sie sind spitz auslaufend und mit der Muschel nach vorn gestellt. Kippohren und Hängeohren sind fehlerhaft. In der Bewegung bzw. in Ruhestellung nach hinten angelegt getragene Ohren sind nicht fehlerhaft.

Hals
Der Hals soll kräftig, gut bemuskelt und ohne lose Kehlhaut (Wamme) sein. Die Zuwinkelung zum Rumpf (Horizontale) beträgt ca. 45 %.

Körper

Die Oberlinie verläuft vom Halsansatz an über den hohen langen Widerrist und über den geraden Rücken bis zur leicht abfallenden Kruppe ohne sichtbare Unterbrechung. Der Rücken ist mäßig lang, fest, kräftig und gut bemuskelt. Die Lende ist breit, kurz, kräftig ausgebildet und gut bemuskelt. Die Kruppe soll lang und leicht abfallend (ca. 23° zur Horizontalen) sein und ohne Unterbrechung der Oberlinie in den Rutenansatz übergehen.

Die Brust soll mäßig breit sein, die Unterbrust möglichst lang und ausgeprägt. Die Brusttiefe soll etwa 45 % bis 48 % der Widerristhöhe betragen.

Die Rippen sollen mäßige Wölbung ausweisen, tonnenförmige Brust ist ebenso fehlerhaft wie Flachrippigkeit.

Die Rute reicht mindestens bis zum Sprunggelenk, jedoch nicht über die Mitte des Hintermittelfußes hinaus. Sie ist an der Unterseite etwas länger behaart und wird in sanft herabhängendem Bogen getragen, wobei sie in der Erregung und in der Bewegung stärker angehoben getragen wird, jedoch nicht über die Horizontale hinaus. Operative Korrekturen sind verboten.

Gliedmaßen

Vorhand

Die Vordergliedmaßen sind von allen Seiten gesehen gerade, von vorn gesehen absolut parallel.

Schulterblatt und Oberarm sind von gleicher Länge und mittels kräftiger Bemuskelung fest am Rumpf angelagert. Die Winkelung von Schulterblatt und Oberarm beträgt im Idealfall 90°, im Regelfall bis 110°.

Die Ellenbogen dürfen weder im Stand noch in der Bewegung ausgedreht werden und ebenso nicht eingedrückt sein. Die Unterarme sind von allen Seiten gesehen gerade und zueinander absolut parallel stehend, trocken und fest bemuskelt. Der Vordermittelfuß hat eine Länge von ca. 1/3 des Unterarmes und hat einen Winkel von ca. 20° bis 22° zu diesem. Sowohl ein zu schräg stehender Vordermittelfuß (mehr als 22°) als auch ein steil stehender Vordermittelfuß (weniger als 20°) beeinträchtigen die Gebrauchseignung, insbesondere die Ausdauerfähigkeit.

Die Pfoten sind rundlich, gut geschlossen und gewölbt, die Sohlen hart, aber nicht spröde. Die Nägel sind kräftig und von dunkler Farbe.

Hinterhand

Die Stellung der Hinterläufe ist leicht rückständig, wobei die Hintergliedmaßen von hinten gesehen parallel zueinander stehen. Oberschenkel und Unterschenkel sind von annähernd gleicher Länge und bilden einen Winkel von ca. 120°, die Keulen sind kräftig und gut bemuskelt.

Die Sprunggelenke sind kräftig ausgebildet und fest, der Hintermittelfuß steht senkrecht unter dem Sprunggelenk.

Die Pfoten sind geschlossen, leicht gewölbt, die Ballen hart und von dunkler Farbe, die Nägel kräftig, gewölbt und ebenfalls von dunkler Farbe.

Gangwerk
Der Deutsche Schäferhund ist ein Traber. Die Gliedmaßen müssen in Länge und Winkelungen so aufeinander abgestimmt sein, dass er ohne wesentliche Veränderung der Rückenlinie die Hinterhand bis zum Rumpf hin verschieben und mit der Vorhand genausoweit ausgreifen kann. Jede Neigung zur Überwinkelung der Hinterhand mindert die Festigkeit und die Ausdauer und damit die Gebrauchstüchtigkeit. Bei korrekten Gebäudeverhältnissen und Winkelungen ergibt sich ein raumgreifendes, flach über den Boden gehendes Gangwerk, das den Eindruck müheloser Vorwärtsbewegungen vermittelt. Bei einem nach vorn geschobenen Kopf und leicht angehobener Rute ergibt sich bei einem gleichmäßigen und ruhigen Trab eine von den Ohrenspitzen über den Nacken und Rücken bis zum Rutenende verlaufende weichgeschwungene und nicht unterbrochene Rückenlinie.

Haut
Die Haut ist (lose) anliegend, ohne jedoch Falten zu bilden.

Haarkleid

Beschaffenheit des Haares

Haar:
Der Deutsche Schäferhund wird
in den Haarvarietäten Stockhaar und Langstockhaar -beide mit Unterwolle -gezüchtet.

Stockhaar:
Das Deckhaar soll möglichst dicht, gerade harsch und fest anliegend sein. Am Kopf einschließlich des Ohrinnern, an der Vorderseite der Läufe, an Pfoten und Zehen kurz, am Hals etwas länger und stärker behaart. An der Rückseite der Läufe verlängert sich das Haar bis zum Vorfußwurzelgelenk bzw. bis zum Sprunggelenk, an der Rückseite der Keulen bildet es mäßige Hosen.

Langstockhaar:
Das Deckhaar soll lang, weich und nicht fest anliegend sein, mit Fahnen an Ohren und Läufen, buschige Hosen und buschige Rute mit Fahnenbildung nach unten. Am Kopf einschließlich des Ohrinnern, an der Vorderseite der Läufe, an Pfoten und Zehen kurz, am Hals länger und stärker behaart, nahezu eine Mähne bildend. An der Rückseite der Läufe verlängert sich das Haar bis zum Vorderfußwurzelgelenk bzw. bis zum Sprunggelenk und bildet an der Rückseite der Keulen deutliche Hosen.

Farben
Schwarz mit rotbraunen, braunen, gelben bis hellgrauen Abzeichen. Schwarz einfarbig, grau mit dunklerer Wolkung, schwarzem Sattel und Maske. Unauffällige, kleine weiße Brustabzeichen, sowie helle Innenseiten sind zugelassen, aber nicht erwünscht. Die Na-

senkuppe muss bei allen Farbschlägen schwarz sein. Fehlende Maske, helle bis stechende Augenfarbe sowie helle bis weißliche Abzeichen an Brust und Innenseiten. Helle Krallen und rote Rutenspitze sind als Pigmentschwäche zu bewerten. Die Unterwolle zeigt einen leichten Grauton. Die Farbe weiß ist nicht zugelassen.

Größe/Gewicht
Rüden: Widerristhöhe 60 cm bis 65 cm
Gewicht: 30 kg bis 40 kg

Hündinnen: Widerristhöhe 55 cm bis 60 cm
Gewicht 22 kg bis 32 kg

Hoden
Rüden sollten zwei offensichtlich normal entwickelte Hoden aufweisen, die sich vollständig im Skrotum befinden.

Fehler
Jede Abweichung von den vorgenannten Punkten sollte als Fehler angesehen werden, dessen Bewertung im genauen Verhältnis zum Grad der Abweichung stehen sollte.

Schwere Fehler
Abweichungen von den vorstehend beschriebenen Rassekennzeichen, die die Gebrauchsfähigkeit beeinträchtigen.

Ohrenfehler: Seitlich zu tief angesetzte Ohren, Kippohren, Schildspannerstellung der Ohren, nicht gefestigte Ohren.

Erhebliche Pigmentmängel.

Stark beeinträchtigte Gesamtfestigkeit.

Zahnfehler:
Alle Abweichungen vom Scherengebiss und der Zahnformel, soweit es sich nicht um ausschließende Fehler (siehe folgendes) handelt.

Ausschließende Fehler
a) Wesensschwache, bissige und nervenschwache Hunde.
b) Hunde mit nachgewiesener "schwerer HD".
c) Monorchiden und Kryptorchiden sowie Hunde mit deutlich ungleichen bzw. verkümmerten Hoden.
d) Hunde mit entstellenden Ohren-bzw. Rutenfehlern.
e) Hunde mit Missbildungen.

f) Hunde mit Zahnfehlern bei Fehlen von: 1 mal Prämolar 3 und ein weiterer Zahn oder 1 Fangzahn oder 1 Prämolar 4 oder 1 Molar 1 bzw. Molar 2 oder insgesamt 3 Zähne und mehr.

g) Hunde mit Kiefermängeln: Rückbiss von 2 mm und mehr, Vorbiss, Aufbeißen im gesamten Schneidezahnbereich.

h) Hunde mit Über-bzw. Untergröße von mehr als 1 cm.

i) Albinismus

j) Die Haarfarbe weiß (auch bei dunklen Augen und Nägeln).

k) Langstockhaar ohne Unterwolle.

l) Langhaar (langes, weiches Deckhaar ohne Unterwolle, meist auf der Rückenmitte gescheitelt, Fahnen an Ohren und Läufen und an der Rute).

Foto: Sabrina Lemke

Ärmel tragen nach Anbiss beim Schutzdienst
Arak vom Thostgrund

Foto: Ilona Retzlaff

Gemeinsames Stöckchen zerkleinern
Su vom Silvano und Mausi (Kooikerhondje)

Foto: Jessica Pöppel

Prägung durch den Welpentunnel
Dusty vom Waldschloss

Foto: Saskia Bartsch

Apportieren auf ebener Erde
Akita von Sandokan

Foto: Ute Rataiczak

Nachwuchshündin Zuchtstätte „vom Schmiedegarten"
Sulou vom Schmiedegarten

Foto: Josef Wengler

Beobachten von Wild in den Bergen
Baika aus dem Zwinger vom Wolfsgrauer

Index

A

B

C

D

E

F

G

H

I

J

K

Foto: Charlotte Wiegand

Welpe acht Wochen alt
Befana von der schwarzen Magie

Foto: Heidi Hoffmann

Sucharbeit

Foto: Nadine Brunsen

Bess aus der Wallapampa
beim Spielen im Wasser

Foto: Kai Wiesner

Ausbildung zum Schutzhund mit 16 Monaten
Addi aus der Auestact

Foto: Sandra Jürries

Apport über 1 m Hürde
Cita von Karthago

Foto: Carmen Wittung-Loew

Der erste Knochen
Untox vom Dreibirkenzwinger

Foto: Melanie Frank

Cujo vom Räuberstern, 6 Monate,
bei der Grundausbildung

Foto: Wolfgang Feldbinder

.... erste Frühlingssonne
Jill Hauswalder Bach

Foto: Stefan Suittenpointner

Strandspiel auf der Insel Rab
Kjell vom Ohrbecker Esch

Foto: Christel Hoss

Einen Vogel hat doch jeder, wer hat schon einen Frosch?
Ginger vom Zehnergrund

Foto: Sabrina Lemke SL Fotowelt

Noch ein „Wasserhund“
Akak vom Thostgrund

Schöne Bilder

Foto: Christoph Huber

Welpe 8 Wochen alt
Aidan vom Haus COKASA

Foto: Sonyürek

Altdeutsche Schäferhündin Donna vom Gussower Fließ in Platzposition

Foto: Ingrid Kolarsch

Aiko vom Wörther Kreuz
bei einem Sprung ins kühle Nass

Foto: Stefan Baudendistel

Pause muss mal sein
Xena von der Ul enburg

Foto: Frank Müller

11 Wochen alte Welpenhündin
Zada von der Zenteiche

Quellen

Pedigree®
Firma Mars Inc.
Intervet
Eukanuba®
Bayer HealthCare

Informationen zum Hundeführerschein stammen vom BHV (Berufsverband der Hundeerzieher/innen und Verhaltensberater/innen e.V.

Schutzdienst, Leistungshüten, Fährtenhunde: Die Informationen stammen vom Verein für Deutsche Schäferhunde e. V.

Die Informationen zum Haustierzentralregister TASSO e. V. stammen direkt vom Verein.

Kynologische Fachbegriffe, Hundesportarten, Rassetypische Erkrankungen, Herkunft und Geschichtliches und Teile des Artikels "So ist der Schäferhund": Die Informationen entstammen der freien Wissensdatenbank Wikipedia, diese Teile des Buches unterliegen damit der GNU-Lizenz und können frei weiter verwendet werden.

Das HD-Röntgenfoto auf Seite 62 entstammt der freien Wissensdatenbank Wikipedia.